艺术设计方法与实践教程·服装设计系列

总 主 编　余　强
执行主编　苏永刚

服饰品设计与制作（第2版）

FUSHIPIN SHEJI YU ZHIZUO

李晓蓉　编著

重庆大学出版社

图书在版编目（CIP）数据

服饰品设计与制作 / 李晓蓉编著. -- 2版. -- 重庆：重庆大学出版社，2020.8
艺术设计方法与实践教程. 服装设计系列
ISBN 978-7-5624-5358-1

Ⅰ.①服… Ⅱ.①李… Ⅲ.①服饰—设计—高等学校—教材②服饰—制作—高等学校—教材 Ⅳ.①TS941.2

中国版本图书馆CIP数据核字（2020）第156047号

艺术设计方法与实践教程・服装设计系列
服饰品设计与制作（第2版）

李晓蓉 编著
责任编辑：蹇 佳 版式设计：刘 洋
责任校对：邹 忌 责任印制：赵 晟
*
重庆大学出版社出版发行
出版人：饶帮华
社址：重庆市沙坪坝区大学城西路21号
邮编：401331
电话：（023）88617190 88617185（中小学）
传真：（023）88617186 88617166
网址：http://www.cqup.com.cn
邮箱：fxk@cqup.com.cn（营销中心）
全国新华书店经销
重庆高迪彩色印刷有限公司印刷
*
开本：889mm×1194mm 1/16 印张：6.25 字数：190千
2010年9月第1版 2020年8月第2版 2020年8月第4次印刷
ISBN 978-7-5624-5358-1 定价：38.00元

序

近年来，设计教育的发展不可谓不红火，能办的学校都办了，一片欣欣向荣的繁荣景象。客观地说是促进了中国设计的向前发展，人多力量大，不发展都不行；但凭这种批量生产的设计师，是否真的达到了预期的设想？我们只需看看市面上流行的大量粗制滥造的设计产品(作品)，似乎可以做一些反思——设计究竟是什么？是绘出漂亮的效果图？或是满足客户要求的折中设计？或是翻翻资料做些改良，而又不知其所以然的设计？我们从各式各样的设计教材和课程设置上几乎都可以找到答案。即便引导学生的师傅虽可称各怀绝技，但拿出来的菜单佐料都一样，口味又相去何远？

其实设计就是感触生活，是创造一个真实物件的过程，而不仅仅是一条信息、一篇文章或一张效果图；是实实在在地联系着现实的概念，是关联着行业和人的精神。我们可以把粗制滥造归因于制造业、工程的施工等，但人们对设计的评价不是图纸，而是设计的结果，是产品。为了人们不致被酸果弄得龇牙咧嘴，果树尚且要疏枝疏果，设计产品作为心血果实又怎能不精耕细作？

中国设计业的发展，要摆脱跟在别人屁股后面走的现状，要形成中国的设计风格与文化，需要改变中国设计教育中普遍存在的浮躁之风，因为设计就是一门诚实的劳作，需要树立至善至美的设计理念与工作态度。

现代设计教育的发展，传承了德国包豪斯的设计教育体系，这就是强调实际动手能力和理论修养并重的现代设计教育模式。设计作为实践性很强的应用学科，有必要从学生设计与制作的方法入手，将创造想象与精通技术结合起来，创造一种良好的、全面的脑、眼、手的综合训练。为此，需要围绕教学大纲编写一套系列辅助教材，从设计目标的确定，到围绕目标制定的途径——方法的运用以及参与制作的过程等详加介绍，以便让学生理解“设计”的完整概念。

以各门课程必须掌握的基本知识、基本技能为写作核心，同时考虑艺术设计的思维方法与动手能力的锻炼，为教师根据自己的教学经验和理论向导留有个性授课的空间，是本套教材凸显的不同之处。

本套教程皆为各专业课教师在充分研究和总结了教学中的实际情况以后，针对学生在学习过程中所遇到的最实际的问题编写而成，教学内容深入浅出、简练朴素，既有设计构思的方法与路径，又有教师对学生的互动中完成教学的过程，从而为设计专业的学生提供多种设计方法、思路的借鉴与实践的有益范例。

四川美术学院教授　余　强

前 言

《服饰品设计与制作》第1版出版以来得到广大读者的厚爱，多次重印。第2版是在保持原有体例基础上做了一些优化，目的是让读者更容易理解和学习运用服饰品设计与制作。

几乎所有研究服装的专业书籍都包括服饰品的内容。本书所研究的主题为服饰中“饰”的概念，主要涉及首饰、帽、包、腰带、鞋、花饰品的设计与制作。

本书较为全面地概述了服饰品的艺术创作和制作方法，主要包括三方面的内容：服饰品的类别与特点；服饰品的设计与应用；服饰品的制作方法。服饰品设计是实践性很强的应用型学科，本书根据笔者多年的教学经验，以基础知识、基本技能为写作核心，从设计与制作的方法入手，图文并茂，实用性强，将创造想象与制作技术结合起来。这一模式顺应了现代设计教育越来越强调实际操作能力和理论修养并重的大趋势。《服饰品设计与制作》一书可作为服装设计、服饰品设计以及形象设计等专业的教材或教学参考用书。

本教材由四川大学轻纺与食品学院服装系副教授李晓蓉编著，在编写过程中参考了相关学者的研究成果，采用了同行和四川大学学生的一些优秀作品以及相关网站的图片和资讯。在此，谨向这些作者和给予本书支持的人士表示衷心感谢。

编著者

2020年5月

目　录

第一章
概述

第二章
首饰的设计

第三章
帽的设计

第四章
包的设计

第五章
腰带的设计

第六章
鞋的设计

第七章
花饰品设计

第一章　概述

第一节 服饰品的概念与分类

服饰王国绚丽多彩，在人类文化发展的漫长历程中，衣着服饰是人们非常重要的生活内容之一。服装与配饰自出现之始，就是构成人们外观风貌不可分割的两个部分，两者在漫长岁月的流行变迁中共同发展、相辅相成，一起构成了人们服饰穿着完整的视觉形象。

从字面上理解，"服"表示衣服、穿着；"饰"表示修饰、饰品。本书所研究的主题为服饰中"饰"的概念。"饰"有两层含义：一是作为名词，指装饰品，如首饰、腰饰；二是作为动词，指装饰、打扮。可见，服饰品即人身上除了衣裳之外的所有装饰品，还包含了搭配、装扮等方面的内容。除了人们熟悉的服饰品如首饰、帽饰、箱包、鞋等，不同时期、不同地域、不同民族还创造了各自独特的饰品，每种服饰品都有其发展的历史。随着人类社会的发展，不断有新的服饰品和装饰形式加入这个成员众多的大家庭。

服饰品包括许多种类，它们具有不同的用途和装饰效果。从实用的角度来说，通常分为实用类、装饰类、半实用类、半装饰类。如帽子属于半实用、半装饰类，鞋子属于实用类，首饰、领带则属于装饰类。随着物质水平的提高，人们的精神需求也越来越高，因此服饰品在提供实用功能的同时，其装饰功能也日趋得到重视。

按佩戴部位分类：头饰（帽饰、簪钗梳篦、发带发网、花冠头巾等）；颈饰（项链、项圈、领带、领结、围巾等）；胸饰（胸花、胸针、手巾、徽章等）；腰饰（腰带、腰链、腰牌等）；手饰（戒指、手镯、手套、手表等)；足饰（鞋、袜、脚链等)。

按实用功能分类：防护（帽、雨伞、太阳镜、围巾、手杖等）；固定（扣子、扣饰、绳带、腰带等）；盛物（各类箱包、手袋、篮子等）；装饰（头饰、颈饰、胸饰、腰饰、足饰等）；其他特殊功能的配饰（打火机、手机、扇子等）。

按制作材料分类：有纺织品、皮革、金属、塑料饰品之分。

除此之外，贝壳、陶土、木材等材料都能用于制作服饰品。

第二节 服饰品与服饰形象的关系

人类自蒙昧时代就开始装饰自己，服饰作为一种社会现象和每个人的生活息息相关。无论你是否承认，一个人的穿着打扮总是形象地揭示出有关他的身份和个性。在这个越来越投入视觉隐喻的世界里，服饰代表了一种地域文化和时代特征（图1-1）。

图1-1

一、服饰品与着装的心理

社会心理学家认为，服饰也是一种语言，是人们传达心中特定意念的具体方式，如同一套复杂的符号系统，在不同时代、不同民族都有自己独特的服饰语言。

1.标志与象征

服饰作为一种符号和象征，可以表明一个人的身份、个性、气质和情绪，也可以反映一个人的追求、理想和情操。多少世纪以来，服饰品一直被用作区分贵贱、贫富的标识。

中国历代帝王以冕服来象征其威严；明清的文武官员分别用不同的鸟类图案与兽类图案缀于服装的胸背部来区分等级。在民间服饰中，多以石榴图案比喻“多子”，以鱼纹图案表示“有余”，以白鸽图案表示“温柔纯洁”。在现代社会，服饰品虽然不再精确地区分贫富，但它依旧能诠释穿着者的文化品位和生活方式。

2.礼仪

礼仪指礼节仪式，是一种传统习俗。长久以来，服饰品作为礼仪的一部分，发挥了重要的作用。我国少数民族形形色色的民间礼俗，如诞生礼、成人礼、婚礼等都通过服饰表现得淋漓尽致。如裕固族的姑娘在十七八岁时，其父母要选择吉日为女儿举行戴“头面”的仪式，象征女儿成年并接受众人祝福。

现代人在约会、拜访客人、参加聚会时得体的服饰和妆容是很好的礼仪表现。领结、领带、丝巾、胸花、首饰等服饰品都有传统性的礼仪标示作用。在一些重要场合，如学术活动、商务洽谈、政治性会晤，按照国际礼仪，男士应穿深色西服系领带、戴优质手表；女士应穿单色、端庄大方的套裙，并佩戴首饰、化淡妆。在正式的宴会、酒会上，每个国家都有非常仔细周到的传统服饰礼仪标准。

3.时尚与个性

对流行时尚和对个性化的追求是现代服饰两个既矛盾又统一的基本特征。一方面，时装可以满足个人被社会认同的要求；另一方面，现代社会又是一个多元化的社会，人们越来越向往自我的实现和个性的表达，不甘心因袭和模仿，力图摆脱习俗的束缚。

尽管流行一般表现为趋同，个性化表现为求异，但两者并非水火不容。在这个多元化的时代，现代时装的流行周期短、变化性强，流行元素日益多样化，可以供不同个性的人各取所需。每年世界的时尚中心都要举办各种发布会，以其独特的风格发布种种新的轮廓线、新的流行色组、新的面料图案。所谓的时尚或流行只能被看做是一种大趋势，一个模糊的大概念，不同体态、气质、爱好、身份和生活方式的人都可以任意挑选。

二、服饰品与服装的关系

服饰品与服装的组合，共同构成人的整体着装效果。服饰品是满足服装整体搭配需要的必备物品，服饰品设计要与服装的造型、色彩、材料、着装目的以及穿着方式相互协调。在现代服装设计中，随着流行元素的多样化与人们对个性的追求日益突出，服饰品在服装搭配中的重要性，服饰品对穿戴者在突出个性方面甚至起到决定性作用。

由于服饰品具有多重搭配组合的特点，有时仅仅改变服饰品的搭配组合，就可以使整体着装风格有极大的改变，从而满足不同的穿着场合。同时，通过对服饰品的造型、色彩、材质等的精心设计、选择，可以弥补某些服装的不足。巧妙利用服饰品，可以点缀服装或改变服装样式，起到增加服装整体美感的作用。如职业装比较正规严谨，款式简洁，与其他时装相比略显拘谨，如果适当地搭配一条小丝巾、一枚精致的胸花或者一对别致的耳环，就会增添几分生动和柔美。

服饰装扮的风格化已成为人们步入感性消费时代的一个重要特征。服饰品应与服装的流行主题或风格相呼应，共同传递相似的风格特征，这样才能形成一个统一的、充满魅力的外观效果。与职业女装搭配的服饰品造型以简洁大方、色彩以单纯为主；搭配高级晚装则需要选择精美华丽、价值较昂贵的服饰品；轻松、休闲的服装一般搭配用木、银、陶等材料制作的服饰品，显得自然、无拘束；化装舞会、狂欢节等场合就可以大胆地使用造型夸张、色彩鲜艳的服饰品，以增加狂欢的气氛。风格的一致性不仅体现在服装与服饰品的搭配上，还表现在各种服饰品相互的搭配上，如帽子、围巾、眼镜、包袋、鞋等常用服饰品的组合是否具有整体协调感，是着装得体的关键。

三、服饰品与着装者的关系

服饰品包含色彩、形状、材质三个构成要素，这三者之间的变化使得服饰品的种类、形式变得多种多样。同样的道理，人自身的形象也是由这三者最先传递出来的，这三者的变化使人的形象发生改变。因此，为了塑造一个完美的形象，必须要让人的“形、色、质”与装饰元素的“形、色、质”共同构成协调统一的风格特征，这是挑选服饰品最基本的法则。

“色”，指肤色、眼色、发色、唇色、齿色、妆色、服装色、饰品色以及它们之间的搭配状态。色彩会在第一时间跳入人的视觉，必然影响他人对你的品味、性格等的评价。对于那些体色关系强烈、长得浓眉大眼的人，在服饰品选择上就需要对比强烈的色彩关系；对于体色关系柔和、长得眉清目秀的人，在服饰品选择上就需要柔和的色彩关系。

“形”，即形状。它指身体本身和身体上所穿戴的所有物品的轮廓、量感和比例带给人的视觉感受。修长或臃肿、小巧或硕大、女人味儿或男人味儿，在很大程度上都由“形”表达出来。它在一定程度上决定了你是个风格一致的人，还是个线条紊乱、没有风格指向的人。如果一个身材高大、线条偏直、中性味很浓的女人，选用的都是曲线、纤弱、女人味十足的服饰品，只能反衬出她的刚性；而如果她根据自身身形特征，选择直线、简洁帅气的服饰品，反而和谐。

“材“，指材质、质地。它既指人的肤质、发质，也指服饰品的质地。质地的表现与视觉信息有关，不同材质的服饰品给人的视觉信息截然不同。如果一个皮肤质地粗糙的女人，硬要去驾驭光滑细腻的珠宝，那只能放大她的皮肤缺陷。相反，她选择自然、纹理偏粗的木纹饰物或民族饰品，便能迎合其天然的肤质，营造出质感统一的粗犷美。

◆ 第三节　服饰品设计的条件

在进行服饰品设计之前，首先要考虑设计条件和设计目的。人物、时间、场合是设计师必须了解的设计条件。其中，应该以人物为首要条件，即使不明确穿戴者究竟是哪个具体的人，也应该在设计前先确定目标消费群，然后为其设定某些条件，使设计具有很强的针对性，提高设计的成功率。

服饰品的时间性主要表现在两个方面：一是时令季节，即一年中的春夏秋冬四个季节。季节形成的冷暖及不同的自然环境色，使服饰形象也随之变化。如春季着装色调粉艳，秋冬季着装色调浓重。二是具体时刻，即一天中的不同时间段，时间的不同对服饰品与着装的要求也不同。通常，白天在自然光照下人们较多选择色泽自然、典雅的色调，而在夜晚却喜爱佩戴一些闪亮发光、色调夸张的服饰品。

场合即环境因素。场合的概念有两层含义：一是自然条件下的地域，即大环境因素。不同的地域有不同的自然景观和历史背景，服饰品亦呈现出不同的文化含义和时尚倾向。二是社会条件下的场合因素，即小环境因素，例如，工作场合、休闲场合、礼仪场合等，具有各自特定的内容。如果能恰当地把握不同场合的服饰要求，结合自身的条件搭配出非常得体的装扮，就会在各种场合中建立自信，赢得他人的好感，增添成功的机会。在现实生活中，对小环境因素的重视程度甚至超过大环境因素。

小　结

学习服饰品设计，首先要了解服饰品的分类、造型及风格特点。服饰品在服饰形象中具有重要的位置，它是实用性与审美性的结合。服饰品的造型、色彩、风格既要与服饰形象整体协调，又应该具有独立的个性。此外，还要了解服饰品的起源、变化及发展，掌握其变化应用规律，这样才能理解服饰品的作用及设计方式。由于服饰品种类繁多，作为设计师应该具有丰富的服饰方面的知识，这样才能使设计组合恰到好处。

第二章　首饰的设计

传统首饰一般由贵重的金、银、宝石等材料制成，既具有装饰作用又是财富和地位的象征。流行首饰不但注重对时尚色彩和趣味造型的捕捉和表达，而且重视配合季节和时装的步调。现代首饰更多地被看作艺术媒介，它的造型、材料、色彩等服务于创作者的审美趣味和对世界、对生活的看法，用首饰与生活、艺术对话，弱化其作为财富、地位的象征。

第一节　首饰的分类

首饰通常是指项链、耳环、戒指等人们佩戴在身上的装饰物，“首饰”一词原来只是指头部的装饰品，而现在这个词汇已泛指装饰在人们身上所有部位的装饰品。

一、首饰的种类

首饰的分类标准很多，主要按装饰部位、使用材料、制作工艺、装饰风格和应用场合等标准来划分（表2-1）。

表2-1

分类标准	服饰品
装饰部位	头饰、耳饰、颈饰、面饰、胸饰、手饰、脚饰、腰饰等
使用材料	金属类、珠宝类、动物骨骼（贝壳）类、陶瓷类、塑料（橡胶）类等
制作工艺	镶嵌类、雕刻类、锻造类、手工艺类等
装饰风格	古典风格、自然风格、前卫风格、浪漫风格、怀旧风格、民族风格等
应用场合	宴会类、时装类、休闲类等

二、常用首饰简介

1.颈饰

颈饰是以各种宝石、珠子、金、银等材料连接成链状或锻造成圆环状，围于颈部的饰物，其种类多样、形式各异，适用于不同的形象与场合。颈饰主要有颈链、项圈、长项链、宝石链以及链坠等形式，其表现力丰富，可装扮出各种不同的装饰风格(图2-1至图2-5)。图2-6系心形铂金镶钻项链，其链坠设计别具一格，心形流线呈现大方雅致的美感，仿佛紧紧相系的两颗心，浪漫而富有新意。

图2—1

图2—2

图2—3

图2-4

图2-5

图2-6

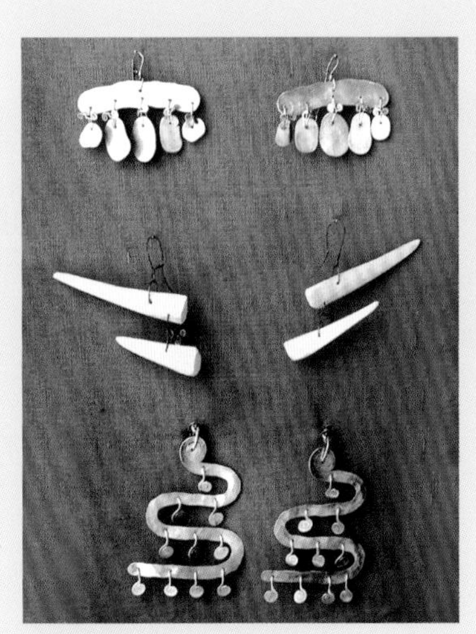

图2-7

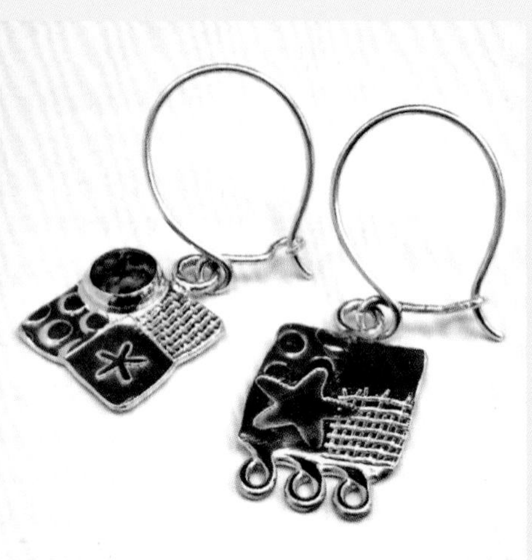

图2-8

图2-9

2.耳饰

耳饰是指固定在耳垂或耳轮上的饰物，一般统称为耳环，其造型非常丰富。耳饰的设计款式主要有耳环式、耳坠式、纽扣式三种。现代耳饰设计既保留了传统经典的材料与造型，又融入了现代材料与造型的新奇与个性，各种社会艺术思潮都可在耳环的款式上反映出来（图2-7至图2-9）。

3.戒指

戒指是佩戴于手指上的饰物，呈环状。戒指的款式多种多样，其结构分为圆圈形、镶石形、自由形三种。戒指除了作为装饰品之外，也常具有某种意义及象征，如结婚戒指、订婚戒指等，通常上面有各种纹饰和饰物。制作戒指的材料包罗万象，其中黄金、铂金所占比例较大。以黄、铂金为原料的戒指分为镶嵌宝石的和不镶嵌宝石的两大类。镶嵌宝石的戒指以突出宝石的天然美为目的（图2-10），不镶嵌宝石的戒指以铸造、雕刻花纹见长。图2-11至图2-13为手工制作的戒指。

图2-10

图2-12

图2-11

图2-13

4.手镯

手镯是戴于手臂或手腕上的环形装饰物。在民间，人们认为戴手镯可以使人避害驱邪、长命百岁，具有吉祥的含义。制作手镯的材料广泛，款式繁多，有展示材料天然美的黄金、铂金、玉石、象牙、珊瑚手镯，有展示金属雕刻、镶嵌宝石、珐琅、景泰蓝等工艺精湛的手镯，有造型奇特、抽象、简单并且极具个性化特点的塑料、铜、木、彩珠等手镯。常见的手镯形式有无花镯、雕刻手镯、压花镯、手链、多环手镯、珠串手镯等（图2-14至图2-17）。

图2-14

图2-15

图2-16

图2-17

5.胸针

胸针是人们用来点缀和装饰服装的饰品，早在古希腊、古罗马时代就开始使用，那时称为扣衣针或饰针。胸针的造型精巧别致，常以花卉、昆虫、动物或抽象符号为题材进行设计。珍贵的胸针其材料多为黄金、铂金、白银等贵重金属，并镶嵌贵重宝石，普通的胸针大都由合金或合金镶嵌珠子、人造宝石和彩石等材料制成（图2-18、图2-19）。图2-20是经过揉捏、雕刻、焙烧的陶制胸针。

图2-18

图2-19

图2-20

6.发饰

这类装饰物主要用于固定、修饰发型，一般带有抓齿或松紧功能，可配合头上的编织饰带或花饰使用（图2-21、图2-22）。

图2-21

图2-22

7.脚饰

脚饰是装饰于脚腕部的装饰物。民间有给刚出生的婴儿带脚饰的习俗，以求免除病魔，长命、富贵。其造型有圆环型、链形、串珠形等，也有单环和多环的组合。脚饰品上面大多饰有饰纹或装饰物，其质料多采用金属、玉石等。

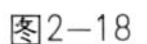

8.领带饰与袖扣

领带饰与袖扣均属男士首饰。领带饰是用来固定领带的小饰件，主要形式有领带夹和领带饰针；袖扣是男子穿着正式礼服时必备的服饰配件，其造型多样，一般分为链扣、纽扣、螺旋扣、别针四类。

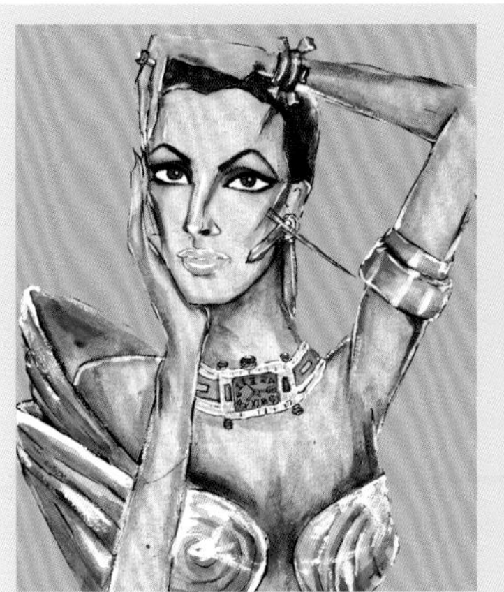

图2-23

图2-24

9.创意首饰

创意首饰可以尽情发挥设计师的想象力，无论是造型、色彩还是材质的选用都千奇百怪、形状各异。奇特、大胆、非常规的外形和绝对的个性化是它们的特征。它们适用于舞台戏剧、时装表演、化装舞会或狂欢节等场合（图2-23至图2-27）。

图2-25

图2-26

图2-27

◆ 第二节　首饰的设计

在首饰设计过程中，需要对设计中的各种要素统筹兼顾，树立一个整体观念。尽量考虑得周到细致，使首饰的造型、线条、色彩、纹饰、材质等因素各尽其美，相映成趣，共同体现出设计者的初衷与构想。

一、首饰的造型、色彩、图案设计

首饰设计应突出形式美感，变化与统一是构成形式美的两个基本条件。在设计首饰时，形式美是通过点、线、面的组合以及色彩、质地的搭配体现出来的。将不同形状的点、线、面进行排列、组合、弯曲、切割、编结等，产生大小、直曲、疏密、渐变、跳跃等变化，达到造型上的整体性、和谐性、趣味性。同时，运用不同材料的软硬、粗细、刚柔等对比因素，造成视觉上相应的节律变化与层次美感，从而设计出富有情调与创意的饰物。

1.首饰的造型设计

在首饰的造型设计中，明确的创意理念决定最终的首饰形态。现代首饰造型兼容并蓄，呈现多元化的特征。首饰的造型已经跳出传统的框架与材料的限制，设计者享受到更大的创作自由。常见的首饰主要有以下几种造型形式：

①自然造型。在众多的首饰作品中我们可以看到，从自然界的动物植物、山川河流等物象中吸取形、色、肌理等元素似乎是首饰设计师与生俱来的本领，大自然给了艺术家取之不尽的灵感。在不同的艺术理念下，设计师对待自然的表现方式有很大的不同。古典或传统风格的首饰着重于再现大自然的形态美，通常是直接模仿物象的整体或局部。新古典风格首饰则大多利用宝石的色彩、形状及排布来展现物象的美。在现代首饰的设计中，设计者更注重个性的表达，着重用各种材料去表现自然物象的结构、肌理或色彩等。在写实的同时，多采用简化、抽象的手法，将自然的形态归纳为比较规则的形状（图2-28、图2-29）。图2-30至图2-34系现代设计师对花卉题材的精妙演绎。同时，“自然”也成为设计师观念表达的素材或对象，以及情感传递的符号。如一些首饰由抽象的蜿蜒曲线构成，似乎与藤蔓有联系。它们的制作手法使其形态具有随机性和不规则感，好像它们是自然生长而成的（图2-35）。

图2-28

图2-29

图2-30

图2-31

图2-32

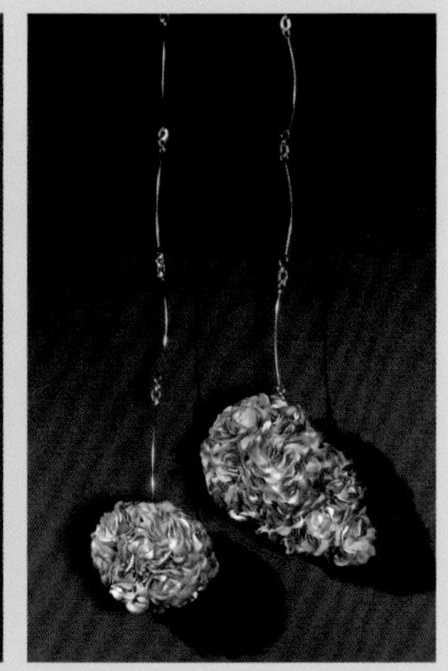
图2-33

图2-34

图2-35

图2-36

图2-37

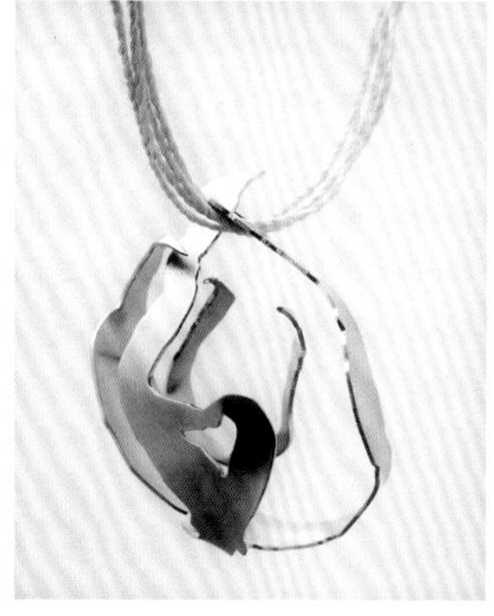

图2-38

图2-39

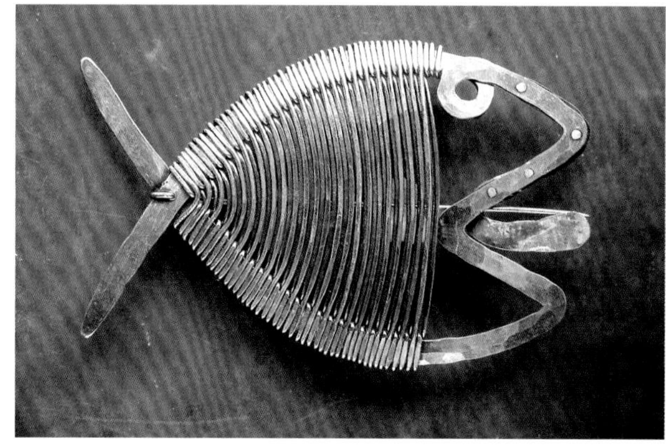

图2-40

②抽象造型。首饰的功能和空间特点要求它必须尽量简约。抽象意味着把通常意义上的物象从作品中抽离、分开，留下承载一定意味的结构形式或纯粹的结构美感。把纷繁复杂的物象变成极为单纯的点、线、面构成，如直线和曲线的单向和双向的渐变；点、线、面的聚散；同一形体有规律的重复出现等（图2-36至图2-39）。在首饰艺术里，除了纯粹的抽象外，它还指对物体不必要或不重要的外围细节的剔除与简化，保留下精华的部分。比如一条鱼，除了整体的感觉，还可以从鱼鳞、鳍、色、质等角度抽出特质，激发灵感，进行表现（图2-40）。

③符号造型。任何形象都可以成为符号。符号是一种极具代表性和识别性的视觉形象。对于首饰设计而言，符号有两种：一种是在人们心中根深蒂固、认同感很强的图标符号。如宗教符号，东方佛教中的观音、罗汉，西方的十字架。此外，文字符号类造型也占一定比例。文字本身所具有的文化含义是其他纹样无法表达的，如寿、福、喜、V等。直接用文字（字母）来作装饰，还具有很强的抽象美感。一些知名品牌的首饰设计，通常将品牌名称作为符号，装饰在作品中。图2-41为Tiffany Notes 18K黄金吊坠，反反复复的字母优雅洒脱，仿若行云流水。另一种是我们在表达意图的过程中，对原形象进行归纳、简化、突出特征并使其能承担叙事、象征、表意的功能的符号。这些符号本身的意义可以被淡化，符号可以作为纯粹的装饰形象出现（图2-42）。图2-43这款骷髅头与宝石组合构成的心形项链，色彩与体积所构成的视觉冲击，充分体现出复古与反传统趣味的并存。

图2-41

图2-42

图2-43

④雕塑造型。首饰作为三维的形体存在本来就是立体的，与各种平面的艺术相比，它与雕塑的关系无疑更加亲近，我们可称首饰为微型的雕塑作品。雕塑手法通常用于状物、描述类创意的首饰作品。即便不是以描绘状物为趣味点，若作品的创意表现是具有象征性的、寓意的，也需要雕塑手法作为辅助手段。在这些首饰设计中，往往会用到几片树叶、一朵花或一只小动物等这样的元素，具备立体造型能力对于制作各种表现风格的首饰都会大有裨益。图2-44这枚由综合材料构成的胸针，让人联想到米罗的雕塑作品。

⑤民族风格造型。少数民族的首饰以其强烈的民族风格造型，成为现代设计的借鉴形式。现代首饰设计吸收了世界各国的各具特色的传统艺术与民间艺术，制成的饰品颜色丰富多彩，互相交融，形成一个色彩热烈的调色板，极富异国情调。同时在材质选择上配以丰富的天然材料，设计成绚丽多彩的饰物。图2-45是以“探索旅行家”为主题的项链，源自非洲的民族元素，引发人们对异国风情的好奇与向往，立体的造型及粗犷的切割使其内里简约单一，外在瑰丽夺目。

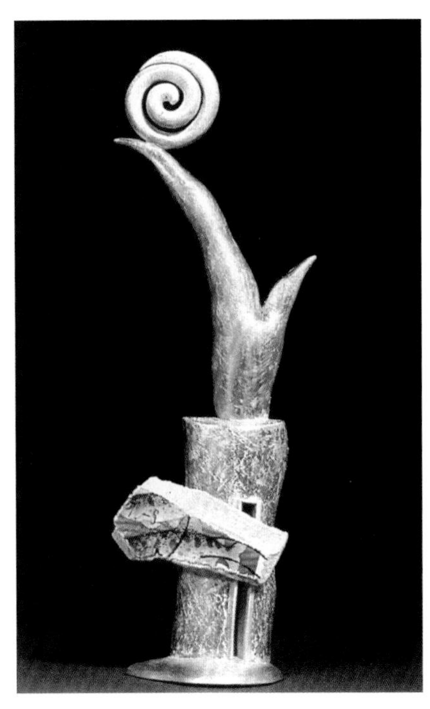
图2-44

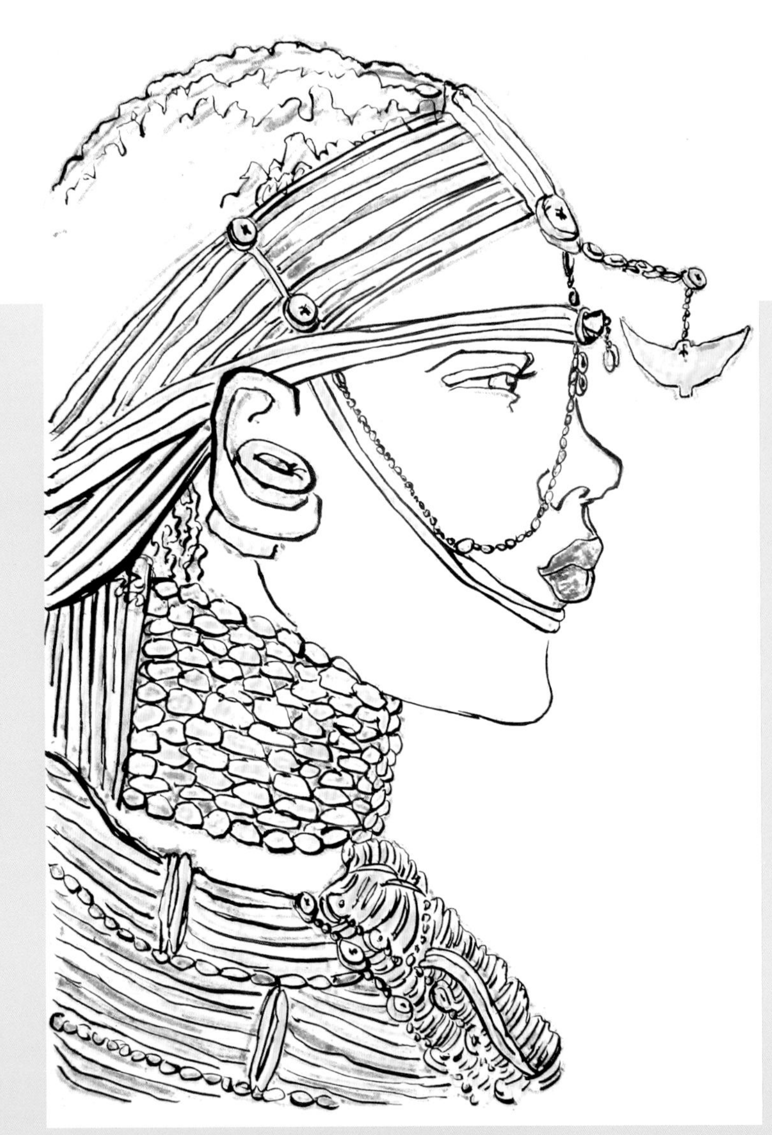
图2-45

2.首饰色彩的设计

色彩是唤起人们视觉美感的有利手段。首饰的色彩取决于首饰材料天然的色泽与人工的搭配。首饰色彩首先要强调其色调的明确，因此要求设计者根据设计意图来选择色调。其次色块的搭配与点缀也是色彩运用的重要技巧。运用色彩的强调与取舍，重复与渐变的手法，注意面积上的比例配置与疏密关系等。

关于首饰的色彩搭配，通常有如下几种方式：

①用材料自身色彩和光泽设计。这是充分运用材料本来的色彩以及肌理光泽来进行设计的方式。首饰材料天然的色泽极具魅力，是设计的精髓：熠熠闪光的黄金、折射多色的钻石、纯正耀眼的宝石、晶莹翠绿的翡翠、温润的珍珠、华丽的紫色水晶……给我们提供了广阔的设计空间。如在设计珍珠首饰时，一般以同色珍珠相串，或单串或多串组合，使珍珠首饰看上去柔和珍贵、美观（图2-46）。

图2-46

图2-47

②同一材料不同色彩的搭配设计。为增加装饰性，虽是同一种材料，也可用不同的色彩来搭配。如茶色水晶与白水晶搭配、紫水晶与白水晶搭配、黄金与铂金搭配、各色珍珠的搭配等，形成双色或多色组合，使其看上去富有变化，更具有生气。图2-47这条阿玛尼（Armani）的项链，有着地中海地区特有的造型，色彩上却带有典型的法国海岸配色，仿佛傍晚海边暮色的云朵，微微的紫色和蓝色，在半透明的水汽中显示出夜晚即将到来的信息。

③不同材料不同色彩的搭配设计。这也是首饰设计中应用最广泛且最具潜力的设计方式。比较常见的搭配有金银与珠宝搭配、合金与纺织品或皮革搭配、竹木类与合金搭配等，每一种设计都充满丰富的色彩意境。图2-48所示的这款胸针大胆采用不同材料与不同色彩的组合设计，这种宝石和金属浑然一体的设计手法具有强烈的视觉冲击力。

④不同材料同一色彩的搭配设计。为了缓和不同材料之间的冲突感，追求雅致含蓄的色彩效果，通常采用同一或近似的色彩搭配方法（图2-49）。

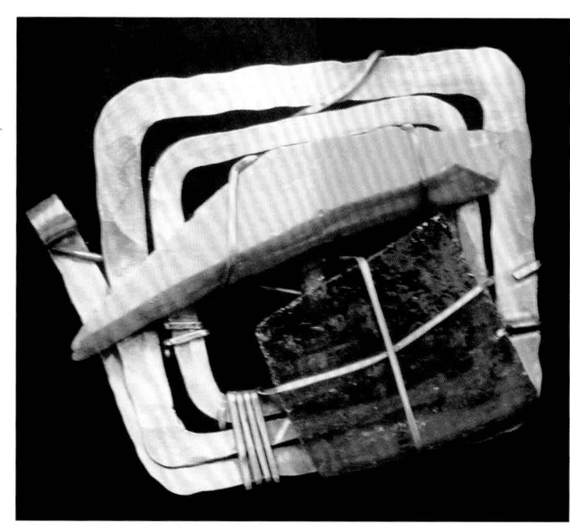

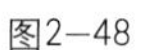

图2-48

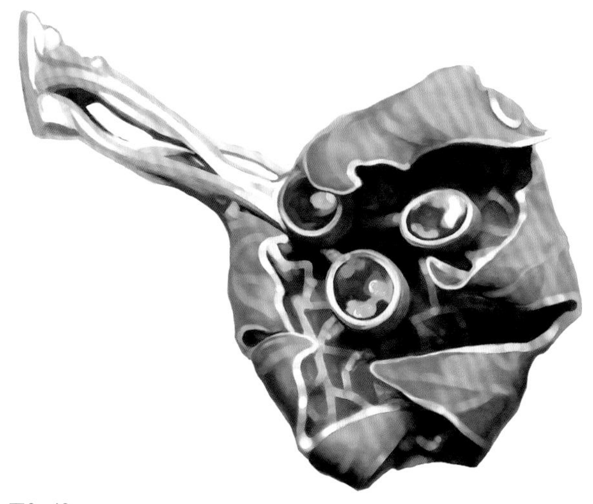

图2-49

3.首饰的图案设计

根据设计的需要，为丰富首饰视觉效果，设计师通常选用各种纹样来美化首饰。纹样有传统与现代之分、东方与西方之别。纵观古今中外的各式首饰，它们大都采用了一定的纹样来表达主题。纹样设计的灵感来源异常丰富，通常可分为以下几方面。

①继承传统首饰中的精华加以重新塑造，设计出新的纹样来（图2-50）。

②现代众多首饰设计师都从各民族首饰中汲取灵感，将本民族风格与其他民族的风格相融合，从而得到崭新的造型形式，具有独特的艺术效果。如将传统苗族银饰的造型、纹样和现代服装相结合，让简洁的款式立刻生动起来，并且充满了时尚感和艺术感，体现一种西方现代设计的思维与东方民族文化设计概念的合并（图2-51、图2-52）。

③材质的肌理感也是激发设计师创作灵感的来源之一。首饰设计可以通过模仿自然界各种动植物的纹理，使金属表面呈现不同于原材质的组织构造和崭新的视觉效果。例如在金属表面做石头纹理、藤编、划痕、磨砂、喷砂等效果或呈现金属亮光或亚光的效果（图2-53）。

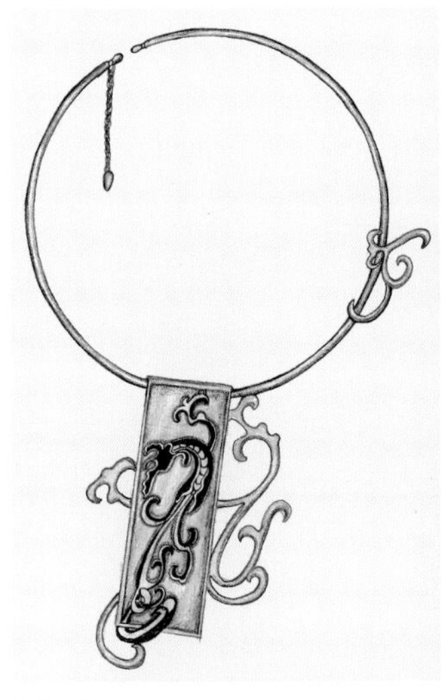

图2-50

图2-51

图2-52

二、首饰材料的应用

制作首饰的材料很多，从价值昂贵的钻石到人工仿制的硬塑料。我们根据使用材料的价值判断，主要分为两大类：一类是以宝石、珍珠、象牙、金等高档材料为代表的“珠宝首饰”，也称保值首饰。大家所熟悉的宝石首饰，大多都是用铂金或黄金镶嵌上各种名贵的宝石制作而成的，其工艺精细，造型考究、新颖，加之宝石的色泽高雅，拥有很高的艺术欣赏水平，同时具有保值、增值的作用（图2-54）。

图2—53

另一类则是“时装首饰”，也称生活首饰。采用低K金、银、景泰蓝、人造宝石、养殖珍珠，以及树脂、塑料、木质、骨质、有机玻璃等价格较为低廉的材料制作而成。另外，人们为追求自然质朴的美，贝壳、菩提珠、陶土、石头、纸张也被用作首饰的材料。图2-55为德国设计师威廉·杰克以纸为材料设计的发饰，他将纸张层层贴合、折叠、揉皱、撕扯、燃烧后进行塑造，使纸张独特的肌理最充分地展现出来，得到其他材料无法比拟的美感。在现代服饰设计中，还经常用纺织面料来设计首饰，这样的首饰通常叫做“软首饰”。选用的材料多为天鹅绒、丝绸、绳子、皮革等，应用缝制、刺绣、编结等手法制作，再以珍珠、人造宝石、珠片等作为点缀。对材料外观特点的处理和有效运用，能使首饰呈现出全新的形象，突出其软与硬、柔与刚及色彩之间的对比与统一的特点。这类首饰的价格相对便宜，更新换代快，在加工时较具灵活性，有很大的设计自由，设计师可创作出极富个性感的款式，深受年轻人的青睐（图2-56至图2-60）。

不同的材料本身具有不同的肌理色彩和外观造型，利用这些材料的特殊肌理结构和外观特点进行综合设计，能够使现代首饰呈现出更加多样化的艺术风格。设计者对于新材料的理解和驾驭的能力已成为现代首饰设计师必备的专业素质。

图2—54

图2—55

图2—56

图2—57

图2—58

图2—59

图2—60

第三节　首饰的制作工艺

现代首饰的材料十分丰富，它的工艺也五花八门。现代首饰设计在很大程度上摆脱了传统首饰那种严密的工艺程序，变得十分自由。手工操作仍是现代首饰制作的方式，但其内容已发生改变。现代陶艺、漆艺、纸艺、木艺、玻璃艺术等工艺技法都衍化为现代首饰的加工工艺。随着科技的发展，现代化程度的提高，首饰制作工艺也日益精湛。

一、金属首饰的制作

1.常用的工具与设备

首饰制作需要依靠一些基本的手工工具和机械设备，常用工具主要有以下几种。

模具：又称花模，是在钢板上刻制出各种花纹、字样、线、点、凹凸等造型的模具。金银材料在模具中经过压片机的碾压，即可获得各种造型和图案的配件（图2-61）。除了用机器碾压以外，还可以用手工敲打成型（图2-62）。

焊具：由气泵、液化气罐、焊枪、皮管组成，用来焊接金属和使金属退火（图2-63）。

锉：在整理工件的外形及表面时所用的锉刀，是首饰加工中最重要的工具，也是最重要的基本功。不同规格和形状的锉刀用来整理首饰的外形轮廓以及细节的处理。

锯：使用锯弓在工件上锯出狭缝、圆洞，或所需要的内、外轮廓的工具。

錾子：修整首饰表面和首饰表面装饰处理的工具，其重点是后者。錾子头上有各种花纹，可以直接在金属表面敲打出花纹。

图2–61

其他：锤、钳、镊子、刮刀、牙刀、剪、铁礅、戒指槽、球形槽、戒指棍、线规、尺等。

首饰制作的设备很多，常用设备有熔炼设备、压片机（图2-64）、拉丝机（图2-65）、蛇皮钻、批花机、链条机、浇铸设备、抛光机等。随着现代科学技术的发展，机械加工的手段更加丰富，许多现代的机床设备包括数控机床都可用于首饰的加工，这些手段的运用使现代时尚的首饰更加丰富多彩。

图2–62

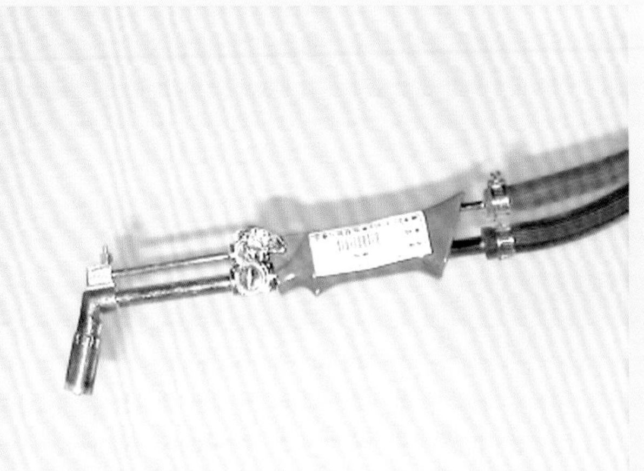

图2–63

图2-64

图2-65

2.基本制作工艺

现代首饰的材料可以说是无所不包，首饰的加工也进入了“不择手段”的阶段。尽管如此，金工工艺作为首饰制作的基础工艺和入门工夫仍是无可替代的，其应用非常广泛。熔炼、轧片、锯、锉、焊、弯曲等金工工艺的基本技能，几乎是一切金属首饰制作的基础，即使是蜡模技法铸造出来的坯件也需要金工技法来修饰。直接用金工工艺成型技法来制作首饰，首先要弄清制作对象的结构，制订出合适的分步制作计划，用金属材料制作成局部的零件，然后再将各部件焊接成型。

首饰制作的前端工序主要指熔炼、轧片、拉丝。

熔炼：块状黄金、白银大都需要经过熔炼制成丝、条、片、板等，或根据需要加入其他金属制成各种成色的K金材料，才可以进行进一步的加工。一般将坩埚放入电阻炉、煤气炉上加热，或者用焊枪直接加热熔化（图2-66）。

轧片、拉丝：这道工序是首饰生产、制作不可或缺的前道工序。轧片是指根据设计需要，用轧片机将金属材料压轧出不同规格的片或条。在轧片过程中，为了保持材料的延展性和坚韧性，必须伴随过火处理，反复压轧直到得到所需要的尺寸。拉丝是指将金属通过拉丝钢板上不同规格的孔洞逐级拔成设计所需的不同粗细的丝或管。

经过前端工序后，就可以进行正式加工。加工时，可根据设计需要选择切割、锉磨、弯折、焊接、錾、敲打、抛光等工序。

切割：切割金属片或金属线一般使用线锯、剪刀、剪钳等工具。为了保证切割的准确性，在首饰制作中基本使用线锯来进行（图2-67）。剪刀、剪钳一般用于卸大料。

锉磨：金属的修饰是使用锉刀。锉刀分为粗、中粗、细，一般只要中粗和细的两种即可。锉刀的形状依据其剖面的形状有扁平形、圆形、圆弧形、四角形、三角形、梯形、椭圆形、山形等。

弯折：由于金属很硬，不容易用手来弯曲，需使用夹钳、尖嘴钳或老虎钳等工具来辅助，但在弯折时最好用一块布或皮革将弯折处覆盖好，以免留下工具的压痕（图2-68）。

图2-66

图2-67

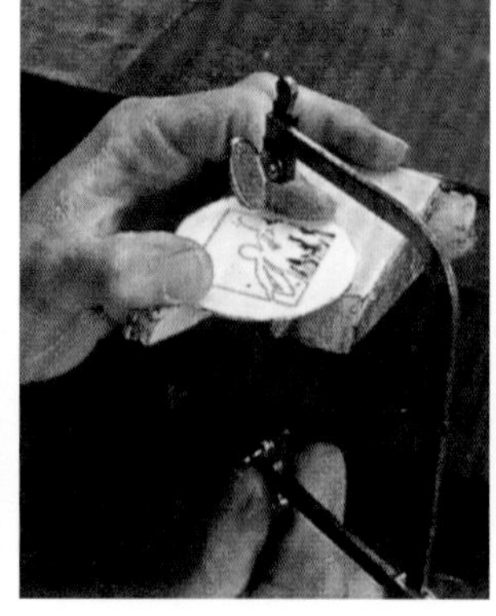

图2-68

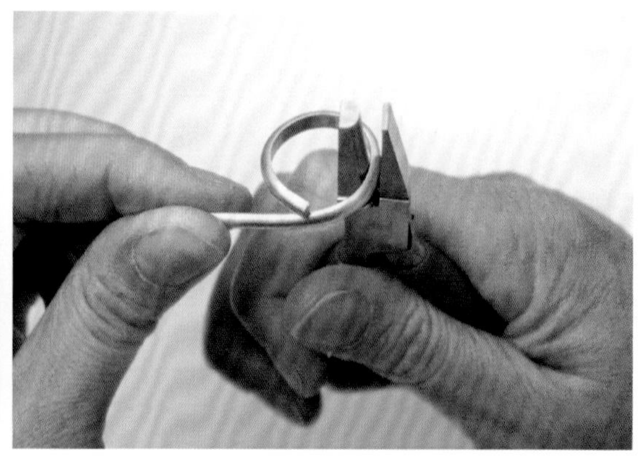

图2–69

焊接：金属与金属之间一般使用焊药来焊接。首先将金属的焊接面处理干净，使之密合。然后用焊钳固定，涂抹助燃剂，放置焊药，以焊枪加热熔解。焊接完成后，将之放入酸洗液中浸泡，去除氧化膜，最后用水清洗干净。

表面修饰：它是指通过抛光、锻打、刻划、腐蚀、编织等工艺在金属表面制作出肌理效果。表面抛光是利用机械或手工以研磨材料将金属表面磨光的方法。表面蚀刻与蚀画，是使用化学酸进行腐蚀而得到的一种斑驳、沧桑的装饰效果。表面锻打（图2-69）、表面錾花、镂刻以及金属编织都是金银加工的古老技法。

以上每道工序都有其严格的要求，如果其中一道工序失败，就会导致整个加工工作的失败。因此严格按照加工步骤，认真做好每道工序，是保证质量、提高效率的基本前提。

3.宝石镶嵌法

宝石的镶嵌首先要制作石位。石位是安放固定宝石的底座，其种类很多，甚至可以说没有一定的制作方法可言，只要能将宝石固定且美观即可。

常见的宝石镶嵌有以下几种形式。

爪镶：它是一种最常用的宝石镶嵌方式，宝石由以对角线布置的焊接，由石位上的镶爪固定。爪镶适合镶嵌透明的宝石，能充分表现宝石的玲珑剔透（图2-70）。

图2–70

包镶：它是以石位的圈口代替爪来固定宝石。包镶适用于镶嵌不透明的宝石（图2-71）。

槽镶：它是将宝石夹镶在两条金属片之间，此法以欣赏宝石的材质为主（图2-72）。

夹镶：它是将金属片夹镶在宝石之间，此法用于不露镶嵌痕迹、以欣赏宝石为主的首饰（图2-73）。

起钉镶：它用于镶嵌档次较低、形状较小的宝石，是用工具在金属表面铲出小钉来固定宝石。

针镶：它通常用于镶嵌珍珠，在珍珠的底部钻孔插入带胶水的金属针即可。

绕镶：它是一种比较自由的手法，以金属丝缠绕镶嵌形状不规则的宝石（图2-74、图2-75）。

图2-71

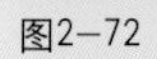

图2-72

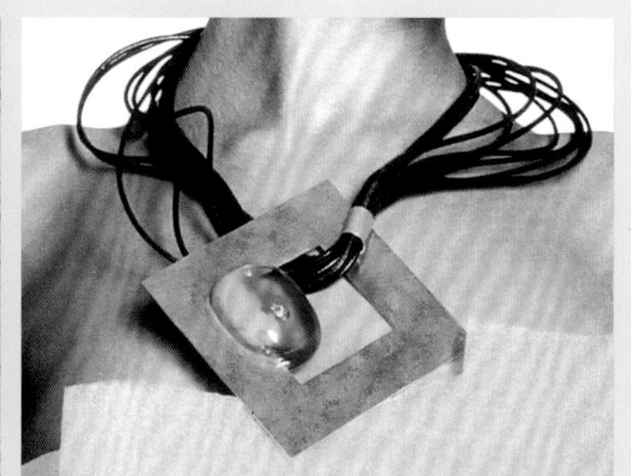

图2-73

图2-74

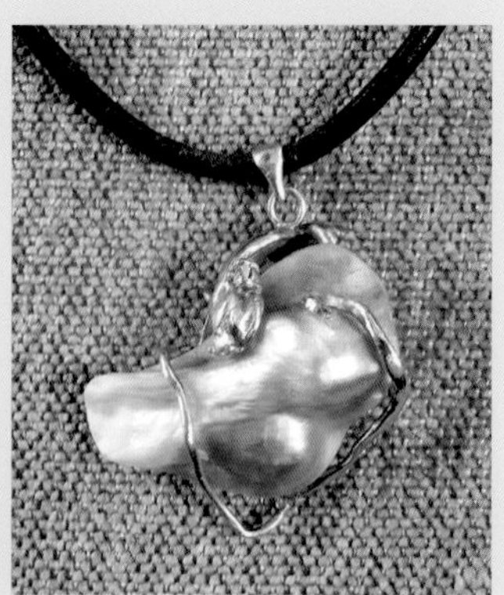

图2-75

二、首饰制作实例

1. 金属与珠子首饰的制作——金属与珠子戒指（图2–76）

图2–76

材料：首饰铜线（粗、细）、紫色玻璃珠5粒、红色磨砂珠4粒。

（1）挂珠的制作

①为避免刮花制作首饰的铜线，各类钳子的钳嘴都应该用胶纸包裹（图2–77）。

②制作挂珠，首先要制作9字弯针，剪一条2 cm长的粗首饰铜线，在圆嘴钳上把它弯曲成一个圆孔直径为2 mm的9字弯针（图2–78）。

③用这支9字弯针穿一颗直径为4 mm的紫色玻璃珠（图2–79）。为防止玻璃珠滑出，把铜线尾端向一侧弯曲，然后将尾端多余的铜线剪掉（图2–80）。

④重复以上步骤，把余下的4颗紫色玻璃珠也穿起来。

⑤用②的方法，做一个圆孔直径为2 mm的圆环。把穿好的珠子和圆环放在一旁备用。

（2）指环的制作

①准备一条30 cm长的粗首饰铜线和一条约86 cm长的细首饰铜线，做一个金属指环。

②找一件和手指粗细相同的物品（如PVC管、唇膏、笔筒等），利用圆柱把粗首饰金属线弯曲成圆形（图2–81）。注意在制作时，铜线的前端要预留5 cm，从5 cm后开始弯曲。

③为保持圆圈的稳定性，用胶纸贴在圆圈的开口处（图2–82）。

④在接近开口处，以细金属线包裹指环（图2–83）。图中箭头所示的线尾要预留约20 cm。

⑤当包裹至胶纸处时，便可拆出胶纸，继续包裹至圆环的开口处。图中在箭头所指处，分别将细金属线尾打结，同时剪掉剩余部分（图2–84）。

⑥用平嘴钳将较短的那端粗金属线线尾向上弯曲成直角，同时将另一条线尾紧紧地围绕垂直的线尾绕一圈。指环制作完成，余下的线尾将弯曲成戒指花（图2–85）。

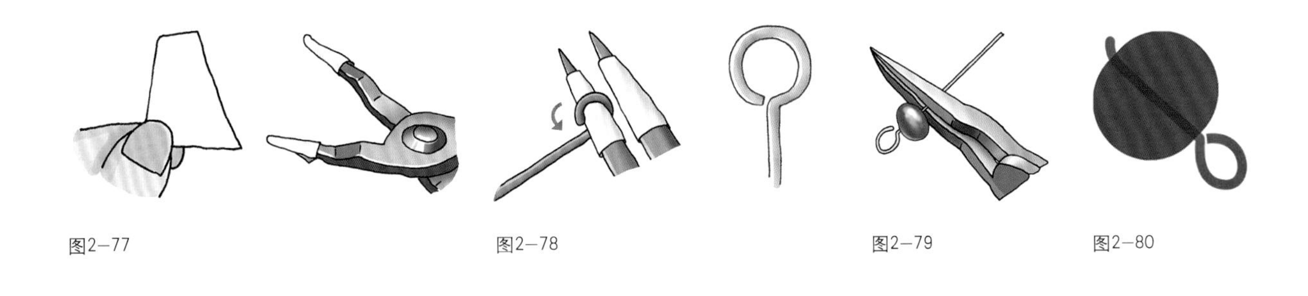
图2–77　图2–78　图2–79　图2–80

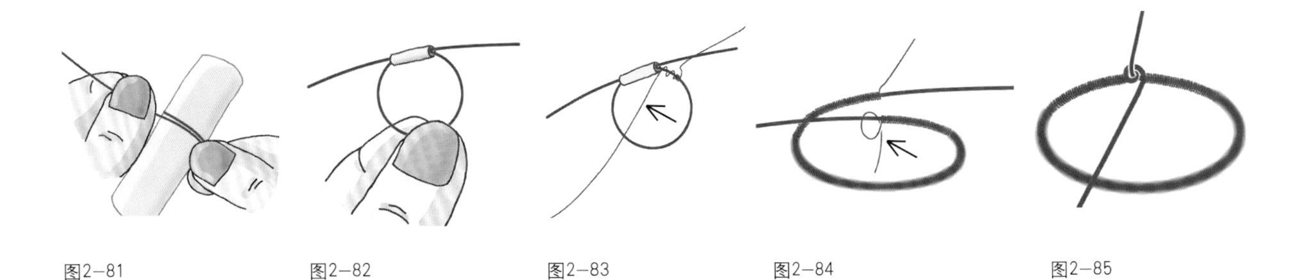
图2–81　图2–82　图2–83　图2–84　图2–85

（3）戒指花的制作

①用平嘴钳或弯嘴钳，将较短的那一端线尾弯曲成螺旋状（图2-86）。另一条线尾也弯曲成螺旋状（图2-87）。

②从线尾穿上4颗红色磨砂珠，并在“制作挂珠”过程中穿好玻璃珠和圆环（图2-88）。

③由线尾的末端开始，用平嘴钳慢慢将之弯曲为螺旋状（图2-89）。

④最后，用手或钳子将成品修饰至理想状态（图2-90）。

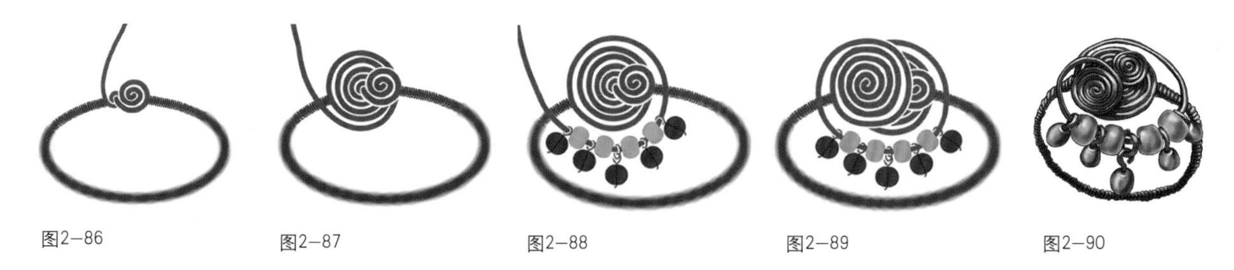

图2-86 图2-87 图2-88 图2-89 图2-90

2.布首饰的制作——繁星项链（图2-91）

材料：选用十余种色彩的呢毡料，裁剪成数量不等的大、小两种圆片。直径为2.4 cm的大圆片每种颜色2枚，直径为2.0 cm的大圆片垫料每种颜色2枚；小圆片直径为2.0 cm，各色细毛线、麻绳少量。

制作方法：先将垫料放入大圆片中，把同色的两枚圆片重叠对齐（图2-92）。如图所示，用毛线穿过圆心，按8等分缠绕圆片，将线头、线尾在背面系结。用相同方法制作14枚（图2-93至图2-95）。

参考效果图的配色方案，用三根麻绳穿过大、小圆片中间。其中，小圆片只有一层，从面料中间穿过（图2-96）。

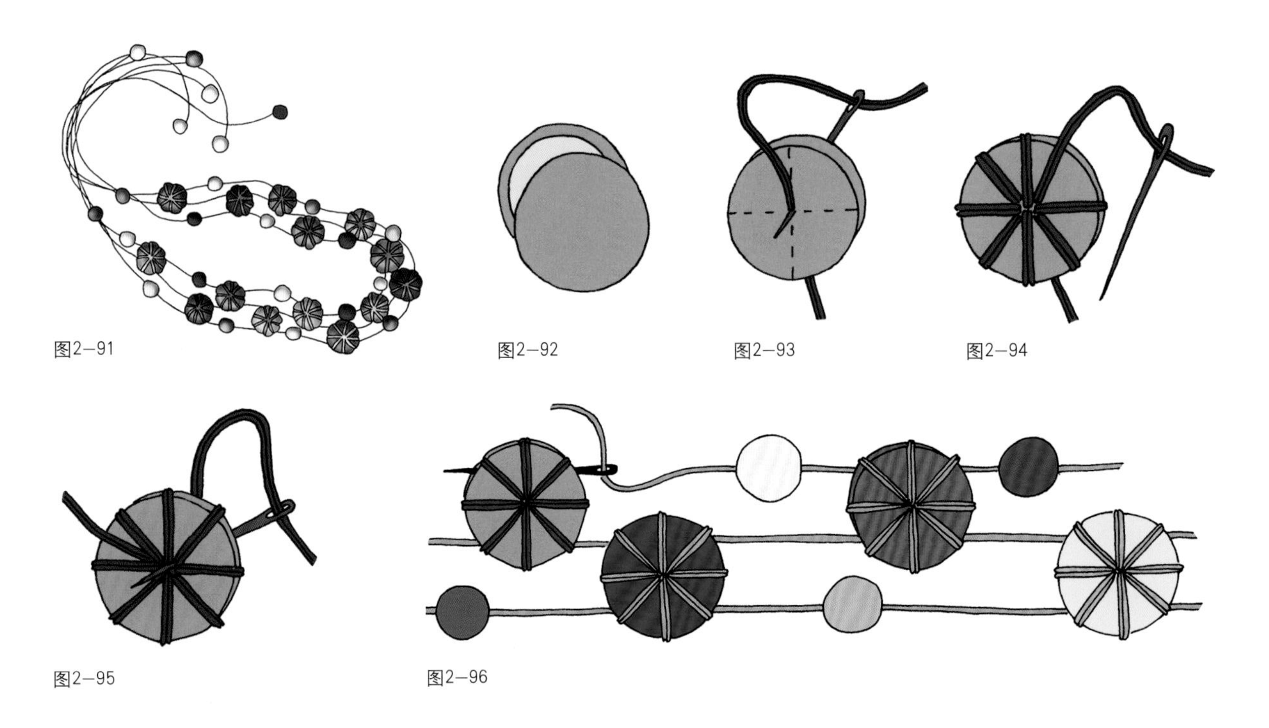

图2-91 图2-92 图2-93 图2-94

图2-95 图2-96

小 结

在首饰设计与制作的过程中，首饰造型是决定首饰效果的最重要因素，设计师一方面需要掌握一定的工艺技能，另一方面也需要知道如何利用这些工艺技能准确传达创作者的设计理念和审美趣味。在首饰设计中，建立打破专业界限的意识，充分发挥想象力，享受新观念、新形式、新材料、新实验所带来的乐趣，到达一种自由创作的境界。

第三章 帽的设计

帽子，在中国历史上被称之为首服，它不仅具有遮阳、御寒等实用功能，同时还具有较强的装饰性。随着国际流行时尚的传播，帽子越来越受到人们的青睐，成为时尚着装的一道亮丽风景线。在人类社会千百年的历史发展和变迁中，帽子与服装的流行演变是同步的，有时甚至比服装演变得更快、更丰富。

第一节　帽的分类

帽子是对头部服饰用品的统称，指由帽墙和帽檐构成的头部服饰用品。在现代日常生活中，一些半帽和假发套也被包括在帽子的范围内。

一、帽的种类

为了便于使用与研究帽子，我们通常按以下几种形式对帽子进行分类（表3-1）。

表3-1

使用材料	布帽、呢帽、草帽、皮帽、塑料帽等
使用功能	礼帽、时装帽、休闲帽、运动帽、前卫帽等
造型特征	虎头帽、船帽、钟形帽、鸭舌帽、大檐帽等
使用人群	男帽、女帽、童帽等
外来译音	贝雷帽、布列塔尼帽、土耳其帽、哥萨克帽等

二、常用帽简介

1.钟形帽

它以帽身较深、帽檐下倾、外形似钟而得名，从20世纪20年代后流行至今。钟形帽适合不同年龄、不同性别的人戴用，体现出一种随意的休闲风格。戴用时一般紧贴头部，其用料大多采用毡呢或较厚的织物。此种帽式具有优良的装饰性，如在帽腰上缀以一定饰品，即可与礼服相配，一般情况下可作为休闲帽式。钟形帽应用范围广，被称为帽子的基本形（图3-1、图3-2）。

图3-1

图3-2

2.罐罐帽

它的帽身较浅，帽墙垂直于帽檐，帽身上下一样大，像一罐形置于帽檐之上。帽檐有宽有窄，帽为平顶。此帽在法国是赛艇选手戴的帽子，英国人称此帽为水手帽。这种帽子可以在正式场合使用（图3-3、图3-4）。

图3-3

3.宽檐帽

它以遮阳、装饰为目的，常作为礼帽使用。其帽檐宽大，可以用浪漫的人造花、缎带、网纱、羽毛等饰品作装饰（图3-5、图3-6）。过去，欧洲皇室女眷在出游或赛马会上，大都喜欢使用宽檐帽。地处赤道的阿根廷、墨西哥等国家，由于气候炎热，骄阳似火，故喜用宽檐帽作凉帽。

图3-4

4.豆蔻帽

它源自于土耳其的花钵帽，亦称土耳其帽。它属于无檐帽式之一，圆筒状帽顶平坦。豆蔻帽常见有两种戴法：一是帽身后倾，可使戴帽者显得年轻、有朝气；二是帽身水平，给人以安静稳重之感，适合于各种年龄层男女戴用。受世界时装流行风潮影响，此帽原有的民族风情已转化为强烈的时尚色彩，而广为各种社交场合采用（图3-7）。由于豆蔻帽紧贴头部，所以常使用针织、编织法制作，感觉随意自然（图3-8）。

图3-5

图3-6

图3-7

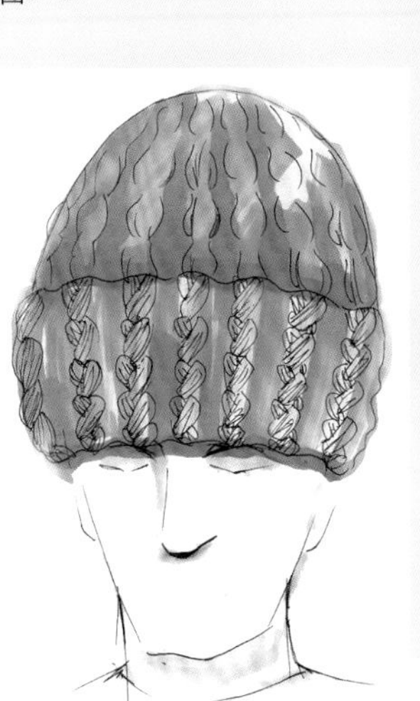

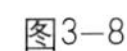

图3-8

图3-9

5.贝雷帽

它源自于西班牙、法国边境的巴斯克山区。帽型呈圆扁平状，帽身大于帽边，无帽檐。通常用棉布、呢绒材料做成，故质地较柔软并有较好的可塑性，适于不同性别、不同年龄的人使用。它的佩戴方式多样，可正戴也可侧戴，能搭配多种不同类型的服装。贝雷帽也被用于部队的制服帽。在运动、旅行、日常生活中佩戴具有亲近、自由的感觉，深受人们喜爱（图3-9、图3-10）。

图3-10

6.药盒帽

因其状像药盒而得名。帽身平而浅，帽围小于头围，并呈圆形或蛋卵形，无帽檐。佩戴时放在头顶，一般采用毛呢、毡、厚皮革等材料制成。通常装饰有纱网、人造花、羽毛、珠子等，用在礼仪场合，与新娘的婚纱装和晚礼服等搭配。偶尔也与女性职业装搭配，有时前倾于额部，能体现一种浓浓的女性妩媚风情（图3-11、图3-12）。

图3-11

图3-12

7.翻折帽

翻折帽的造型自由随意，根据帽檐翻折部位的变化，可分为四种形式：全翻帽、前翻帽、后翻帽与双翻帽。翻折帽用料大多选用毡呢、毛料、棉麻等织物。根据其材质、色彩和戴法的不同，适宜不同的人群和不同的场合使用（图3-13、图3-14）。

8.平顶大礼帽

平顶大礼帽亦称平顶帽，夜礼帽等。帽身较深，帽顶平，帽檐较窄，两侧略微向上翻卷。此种帽式最初源于欧洲上流社会男子礼帽，为了便于在公共场合佩戴，如观看比赛时不至于遮挡后座视线，故采用较柔软的材质使其可以折叠。此帽式也常用于赛马运动。用它与正装搭配时颜色最好选择黑色，在非正式场合则可选用灰色或黄褐色(图3-15)。

图3-13

图3-14

图3-15

图3-16

图3-17

图3-18

图3-19

图3-20

9.圆顶小礼帽

圆顶小礼帽也称高山帽，采用较硬的毛毡制成。在美国常被称为“赛马帽”，因酷爱并倡导赛马运动的伯爵达比伯曾喜爱此帽式而得名。与平顶大礼帽相比，大礼帽配正装，小礼帽则配便装。其色彩通常为黑色，夏季为灰色（图3-16、图3-17）。

10.鸭舌帽

它是对前面有帽檐的帽式的统称，包括大盖帽、狩猎帽、棒球帽等。此种帽式的帽顶前部向下倾斜，帽檐去除了无功能的部分，只保留正前方遮阳避风的部分，因其形似鸭舌而得名。此种帽式极具实用性，深受各阶层人士的钟爱。据说此种帽式曾是全世界销量最大的一种帽式(图3-18、图3-19)。

图3-21

11.罩帽

罩帽是指深深罩住头部两侧以及覆盖于头顶后脑部的一种帽式。耳下两侧帽边有绳带，通常采用软质材料制成，绝大部分为无檐式，有的属于仅前面有帽檐的半檐式。在19世纪的欧洲，此种帽式曾风靡一时，深受社会各阶层女性的喜爱。罩帽是女帽中最具女性温柔优雅特征的帽式之一。但是，随着时代的变迁，至20世纪初期，此种帽式便悄然隐退，只是在婴儿帽上仍残留着其遗风（图3-20）。

12.伏头

伏头有两种形式，一种是与上衣连为一体，一般能盖住头部与颈部；另一种是单独成型，帽身几乎全部贴住头部的形式。在此基础上可寻求帽子边缘线的变化以及帽顶外形的变化（图3-21）。

图3-22

13.头巾帽

它是源自于阿拉伯、印度地区的一种帽型，用一条长巾缠绕于头上，形式多样。面料自身的自然皱褶展现出女性柔美的气质。经过时尚化的演变处理，长巾在色彩、面料上注重与时尚服式相搭配，能塑造出从粗犷到雅致等多种风格（图3-22）。

14.发箍式半帽

发箍式半帽亦可称之为发饰品。既有极其高贵华丽的风格，也有相当简洁朴素的风格。前者可与礼服相搭配，后者则用之于便装、休闲装。窄者称为发箍；宽者可称之为半帽。可采用塑料、钢片加上装饰材料做成（图3-23）。

图3-23

15.概念帽

概念帽适合各种场合，很难有一个标准对其进行概括，因为它们的外形千奇百怪。奇特、大胆、非常规的外形和绝对的个性化是它们共同的特征。这些帽子通常都选用非常规的材料制作，看起来更像帽子以外的东西。它可能用到的装饰物包括海藻、贝壳、塑料、铁皮、纸张等各种物品，设计师可以尽情发挥想象力，唯一的限制就是不要让帽子太重而无法佩戴（图3-24至图3-26）。

图3-24

图3-25

图3-26

◆ 第二节　帽的设计

帽的设计主要从四个方面考虑：帽冠的变化、帽檐的变化、帽的装饰与帽的材料。同时还要从实用功能、色彩等方面入手，综合考虑以上各个部位的整体关系。帽的设计非常注重结构和细节的变化，例如印花、褶裥的巧妙应用以及模型的变化等，同时还要关注流行风格、时尚和社会风情等因素。

一、帽的基本结构

在设计之前，要先了解帽子的基本结构，清楚各部分的名称（图3-27）。在此基础上根据艺术想象，大胆地设计出别具一格的帽。帽在结构上一般分为以下几部分：

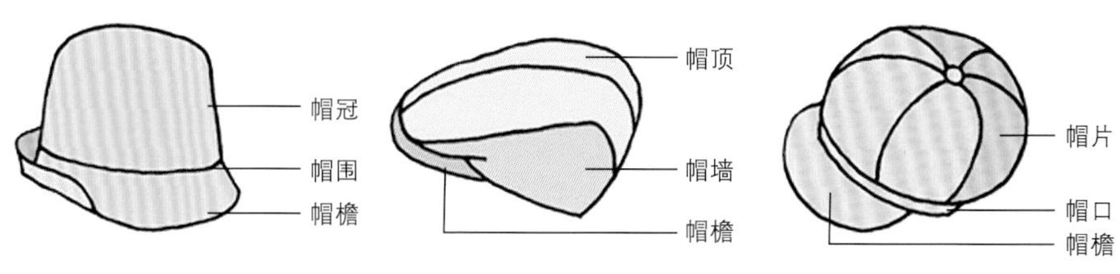

图3-27

帽冠（身）：帽檐以上的部分，它由帽顶、帽墙、帽口三部分组成，可以是一片式结构，也可以为多片组合构成。

帽顶：帽冠最上面的部分，其基本形可分为平顶和圆顶。

帽墙（侧）：帽檐与帽顶之间的部分。当帽冠由帽顶与帽墙两部分构成时，通常帽墙在后中线处缝合。

帽口（围）；帽冠与帽檐的交界线，通常在无帽檐时独立造型。

帽檐：帽冠以下的部分。帽檐形态多样，有宽有窄，可能呈平直状，也可能是向上翻卷或向下倾斜。

二、帽的造型及装饰设计

1.帽的造型设计

对帽的设计，首先要有一个总体构思，然后进行造型定位。前面我们了解了帽的基本构造，主要由帽冠（帽顶、帽墙、帽口）、帽檐两个部分组成，设计师可分别对这些构成元素进行增减或变形处理。虽然帽的基本结构只有两部分，但若改变这两部分的形态，进行变化组合搭配，就能设计出形形色色的帽子。

（1）帽冠的变化

帽冠的变化主要是指帽冠高矮宽窄的变化，这与帽的类别和使用场合有关。如果是实用性较强的帽，帽冠不宜过大。如果是在娱乐或表演场合使用的帽，帽冠夸张一些也不妨。

①帽顶的设计。帽顶的设计是指在帽的基本形态上改变帽顶造型，帽的顶部有平顶、圆顶、锥形顶以及尖角顶之分。帽顶变形范围非常之广，扩大、缩小、紧贴头部、高耸入云、蓬松塌陷、倾斜歪倒，甚至可以取消帽顶，也可增加帽顶的层次，作必要的突出和强调（图3-28至图3-30）。

图3-28

图3-29

图3-30

②帽墙的设计。为改变帽墙的造型，可在基本形态上将帽墙加长、缩短或改变墙身的外形，作特别的设计，以增加层次和折叠感（图3–31、图3–32）。图3–33将针织帽大胆设计，将帽身延长成一条围巾，营造出轻松随意的风格，充满谐趣。

③帽口的设计。帽口尺寸要与人的头围相符。无论帽的外形如何设计，都应考虑帽口的形状与大小是否与佩戴者的头部尺寸相符合。特殊的小口帽如贝雷帽、船形帽、药盒帽等除外。

（2）帽檐的变化

帽檐是整个帽最有变化、最有创造性的部位，通过帽檐的形态变化来体现帽的造型效果。帽檐的变化可从两方面来考虑：一是帽檐的宽窄与倾斜度，二是帽檐的无规则变化。采用加宽、变窄、翻卷、切割、折叠、起翘、倾斜、取消等方法进行变化，将构成奇特、新颖、巧妙、大方的视觉效果。虽然各种帽形都可以在帽檐上有新变化，但变化最多的是宽檐帽，因为宽檐帽的帽檐较宽可以有更多的空间让设计师发挥想象力（图3–34、图3–35）。

（3）不同类型变化效果举例

平顶帽的变化：传统的平顶帽冠呈圆筒状，帽顶平坦，帽墙基本垂直（图3–36）。图3–37在基本型的基础上加大了帽顶的面积，让帽子的造型变为上、下大，中间小，增添了帽的戏剧化特征。图3–38在帽顶收省，形成放射的装饰线，同时加强了帽墙与帽檐的装饰。图3–39在保持圆筒状帽

图3–31

图3–32

图3–33

图3–34

图3–36

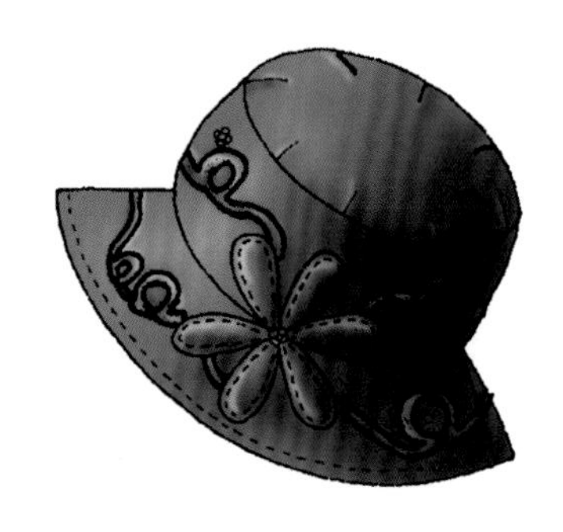
图3–38

图3–35

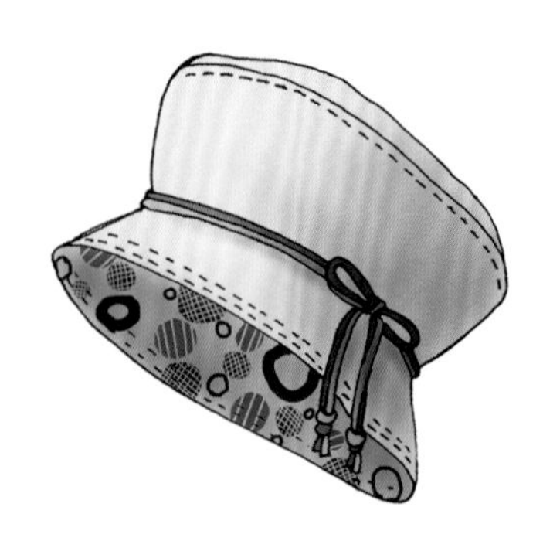
图3–37

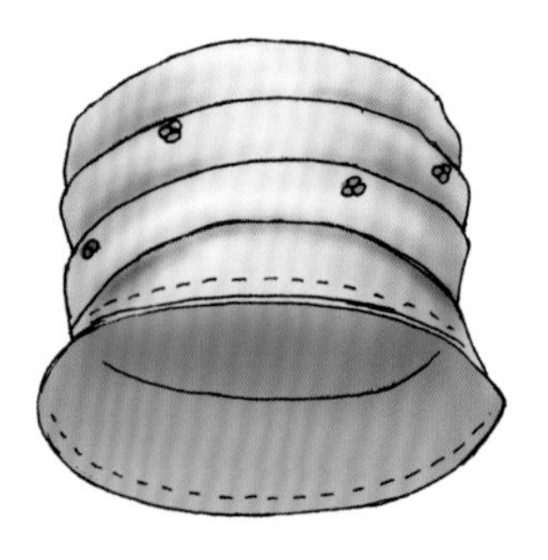
图3–39

冠的基础上，将面料折叠构成，丰富了帽冠的层次变化。图3-40利用面料不虚边的特点，将缝头部分处理在外，用帽的本料增添帽身与帽檐的装饰，体现轻松、随意的感觉。

圆顶帽的变化：这些帽的造型都属于同种款式的变体。图3-41中的两个帽为基本款，帽身贴体，只是改变了面料的肌理。图3-42这两款帽分别添加了耳罩和帽身的层次。图3-43使用相同的版型，但在制作上采用了缝头外露虚边，以及装饰花朵的方法。头顶部不合缝犹如绽放的花叶，淡雅、朴素的条纹布料与缝制手法协调统一，迎合了当下休闲的时尚风格。图3-44中对帽墙长度进行了变化，将帽墙尺寸沿帽顶方向伸长而形成，帽顶自然垂落在头的后面，这类造型适合少年儿童使用，另外还可以用针织法表现帽墙的贴体感。图3-45在六片贴体帽冠的基础上，扩大了帽墙部分的体积，帽冠自然下落。图3-46把基础版型展开，在合缝处打褶、定珠子，并将帽冠与帽檐连为一体。以上的造型，也可以使用单片、四片、六片或八片的帽身结构。图3-47打破六片帽原有的结构，用单片收褶式将帽身融为一体，营造出一种不对称的美。

2.帽的装饰设计

帽的装饰是帽设计中不可忽视的组成部分，是帮助帽子造“形”的重要手段。下面介绍不同的装饰材料在帽子上的运用。

（1）装饰带

用不同的材质做成的装饰带是帽最常用的装饰材料。

图3-40

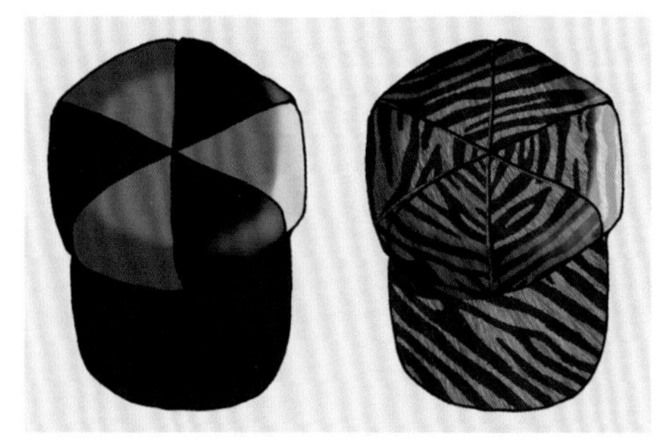
图3-41

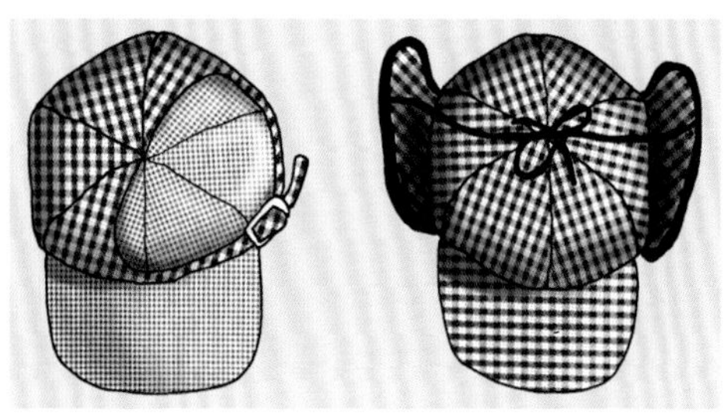
图3-42

图3-43

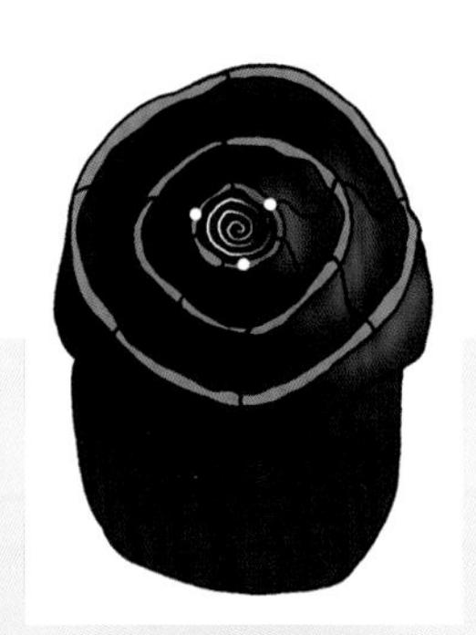
图3-44

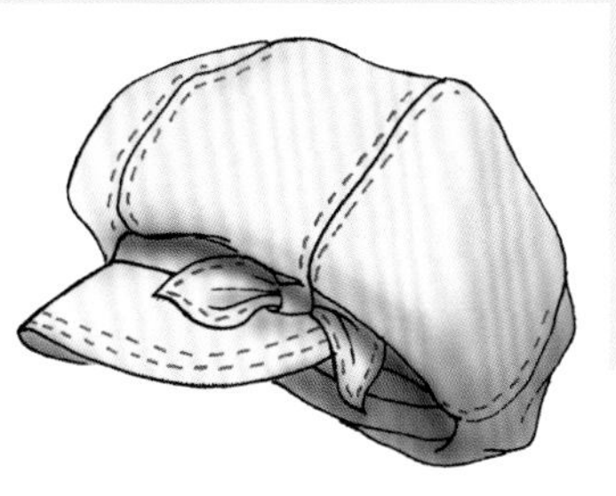
图3-45

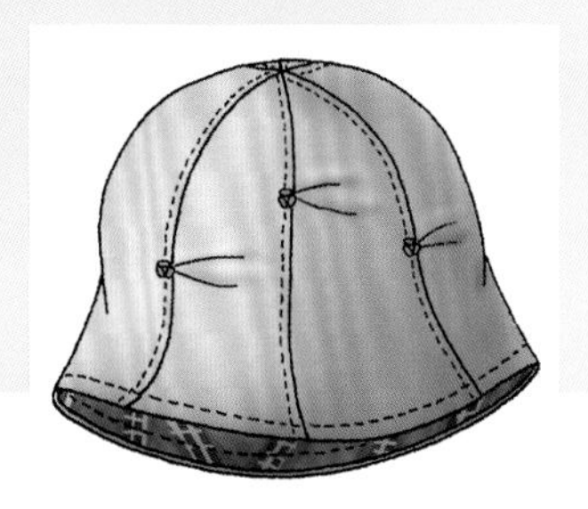
图3-46

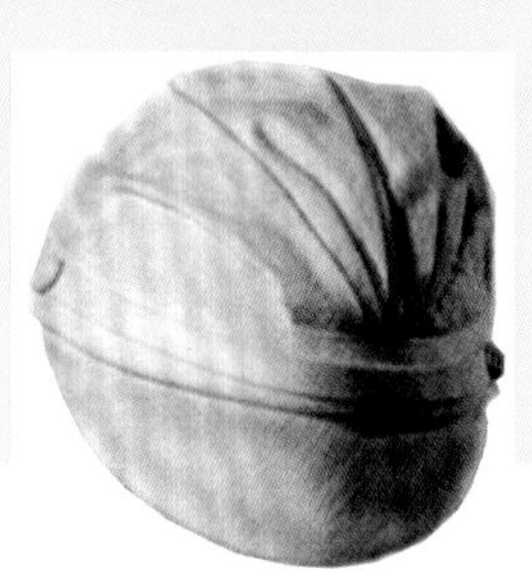
图3-47

其中，丝带的色彩非常丰富，其材质有宽、有窄，有的硬挺、有的松散，其纹理有织花、印花、几何图案、透明花纹等（图3-48）。另外，草编辫带、线绳也能用作饰带，它可被染成多种颜色，其造型结构和宽度变化多样，可以将其环绕、缠扭在帽上，缝制成各种几何图形或精巧的花型图案（图3-49）。

（2）装饰花

制作装饰花的材料十分广泛，如纺织面料包括丝绸、天鹅绒、锦缎、棉布、聚酯纤维等，另外还可用纸或塑料制作。其花样造型和尺寸更是丰富多彩，小到迷人的勿忘我花束，大到夸张的玫瑰花。帽的装饰要求各不相同，有的帽只需一朵花，有的则需花环、羽毛、网纱、丝带等配合装饰（图3-50、图3-51）。另外，用叶、草、藤蔓作装饰的帽也常在时装表演上出现，特别在以回归自然为主题设计的系列服饰中常用。

（3）蝴蝶结

用蝴蝶结作帽的装饰，在女式帽和儿童帽中也运用广泛，特别是在宽檐帽、发箍半帽中运用最多，它能充分展示女性的浪漫情怀（图3-52、图3-53）。

（4）纱网和花边

出席晚会等正式社交场合的帽，常采用纱网和花边作点缀。帽配的纱网作装饰可以使佩戴者显得妩媚动人，并赋予佩戴者以神秘感。纱网的形式多种多样：细腻、粗犷，或大或小的网眼结构，体现出神秘朦胧感。此外，还可以在纱网表面装点珠子、闪光装饰片或丝带（图3-54）。

（5）羽毛

用羽毛装饰的帽稍带野性色彩，男女帽式中都可以使用。从一两支到多支羽毛的不同组合会给帽子带来变换无穷的装饰效果。单支羽毛的装饰可使帽子具有戏剧效果，多支羽毛装饰帽檐则尽显轻松飘逸之感。除了羽

图3-48

图3-49

图3-50

图3-51

图3-52

图3-53

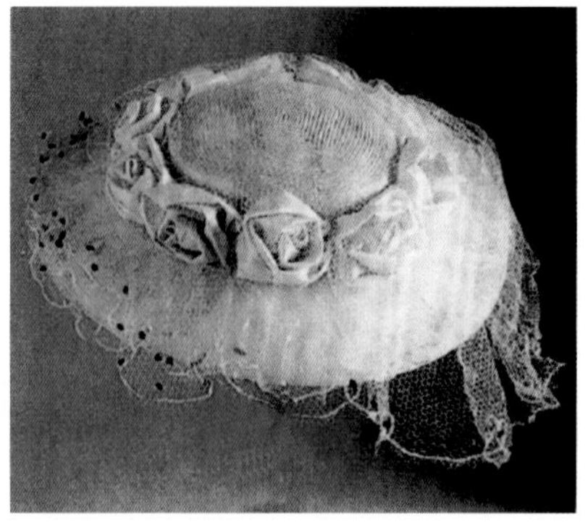
图3-54

图3-55

毛的自然色调以外，它还可以染成各种颜色，从而使其装饰效果更加丰富（图3-55）。

（6）刺绣

在追求高档、精致的帽子上，常采用刺绣图案作装饰，图案既可以绣在帽边上，也可以绣在帽身上（图3-56）。

（7）亮片饰物

在高档帽和一些表演用的帽上，常采用各种宝石、珠子、珠片、金属片等作装饰。早在史前时代，各种材料制作的珠子就被用作服饰的装饰物，到了近代仍被广泛使用。闪光装饰片和珠子可以被运用在恰当的位置，布置成各种精致的图形，创造出极具装饰效果的帽（图3-57、图3-58）。

图3-56

图3-57

图3-58

第三节　帽的制作工艺

一、制帽所需测量的数据以及制作工具

1.数据测量

制帽所需的数据主要指帽围和帽高的尺寸，其中帽围尺寸是最关键的尺寸，其他数据根据帽子样式的不同略作参考（图3-59）。

帽围：从前额发根部量起，经两耳跟上部，再过后头部隆起点以下2 cm处绕头围一周，余量加放1～2 cm，即为帽围，简称HS。

帽高：从双耳根起，通过头顶的间距为帽高，简称RL。

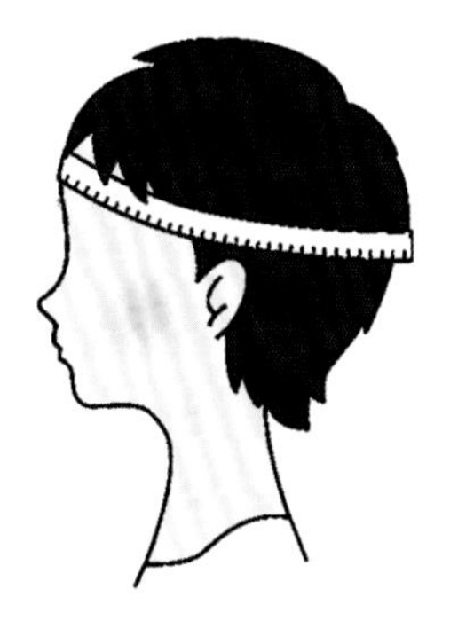

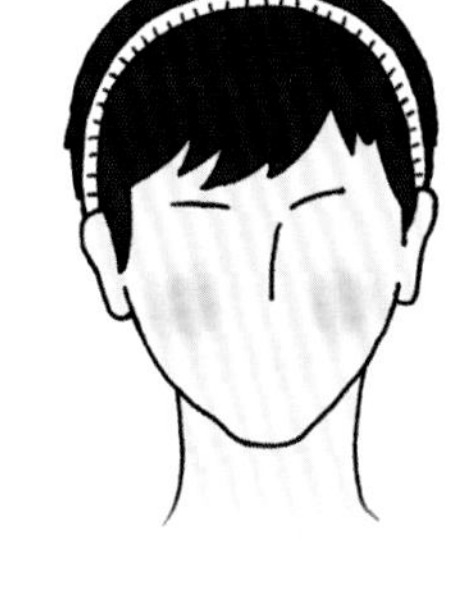

图3-59

2.制帽工具

帽的制作工具主要包括帽成型专用工具、作图工具与裁缝工具等。

（1）帽成型专用工具

帽成型专用工具主要指木模。木模是根据常规帽型制作而成，其功用主要体现在三个方面：一是用作编织带的缠绕，使绳带类帽子成型的模具；二是用毛毡或其他材料通过加热、熨帖、归拨等手段，在模具上制作帽坯材料加工之用；三是用布料、革料等材料制作的帽子成型后，作为整烫的模具用。

木模大致有以下几种样式：

帽身木模：主要有尖顶型、圆顶型、圆角型、大圆角型、平顶型、扁平顶型以及贝雷拼合型(图3-60)。

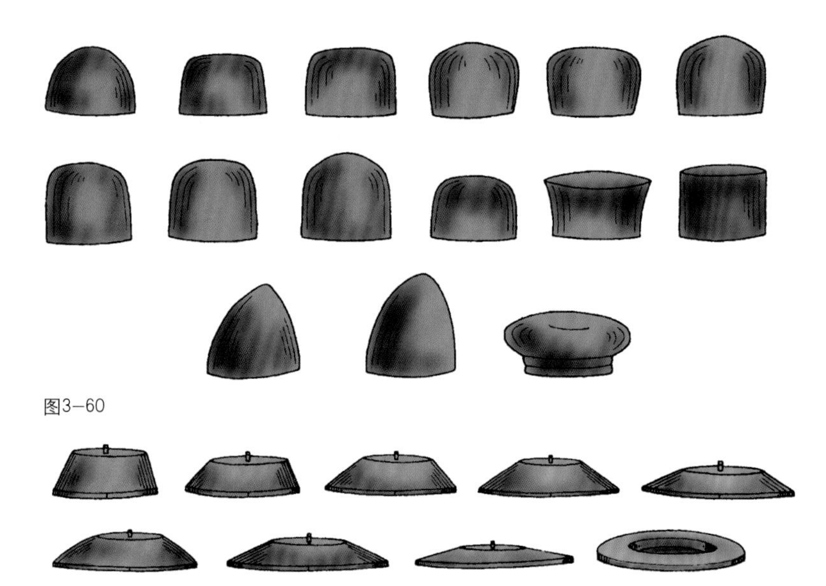

图3-60

图3-61

帽檐木模：有小倾式、中倾式、大倾式、平檐式等（图3-61）。

作为帽木模成型用的辅助木模：有木制台座、劈缝用熨座等。此外，用于固定的绳带、图钉和整烫用的三角巾、毛刷、小熨斗、吹雾器和电水壶等均是不可缺少的辅助用具。

（2）作图工具与裁缝用具

作图工具与裁缝用具主要有皮尺、量角器、剪刀、滚轮、方格直尺、圆规、画线粉笔、作图用纸、铅笔、手针、假缝用布、线等。

二、帽的基本结构图

帽的基本作图方法主要包括三个部分：帽围作图法、帽身作图法和帽檐作图法。

1.帽围、帽顶的作图法

首先分别求出帽围的直径和半径的数值。帽围基础作图3-62。

直径的求法：$a = HS \times 0.34$

半径的求法：$b = HS \times 0.145$

然后，如下图所示画出连接此直、半径端点的曲线。该曲线即为1／2帽围线，亦为平顶帽型的帽顶。

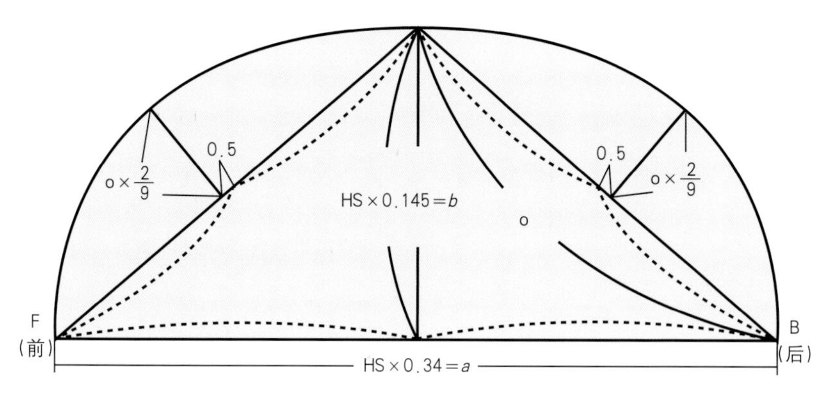

图3-62　帽围基础作图法

注：本书图中数据单位均为厘米（cm）。

2.帽身的作图法

（1）平顶帽型的帽身作图法

帽顶的作图法参见图3–62。如果想要改变帽墙上、下边长的尺寸，可以采用收省的办法，放大或缩小帽墙上、下边长的尺寸，使帽获得形态上的明显变化（图3–63）。

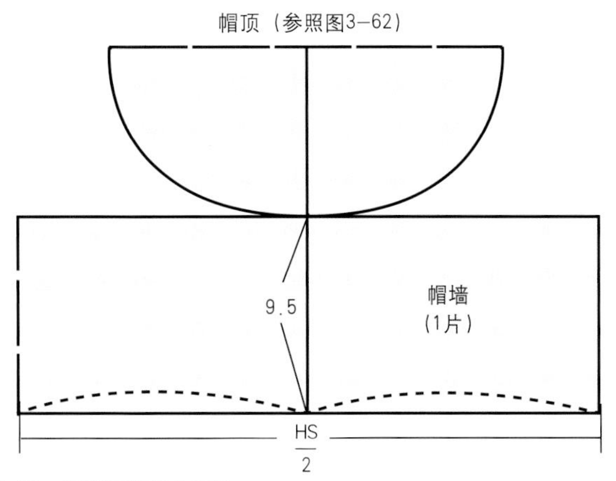

图3–63　平顶帽帽身作图法

（2）圆顶帽型的帽身作图法

根据造型的变化，圆顶帽还有很多分割方式，如4片、8片等，其他片形的圆顶帽作图可以在此基础上类推（图3–64）。

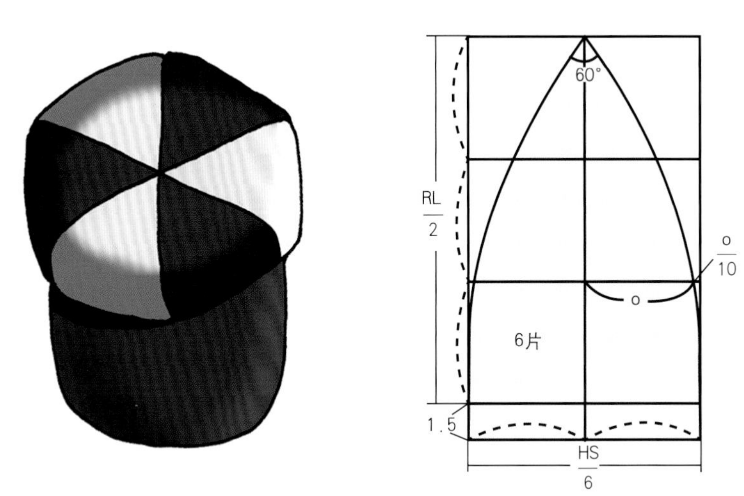

图3–64　6片圆顶帽的帽身作图法

（3）三片帽型的帽身作图法（图3–65）

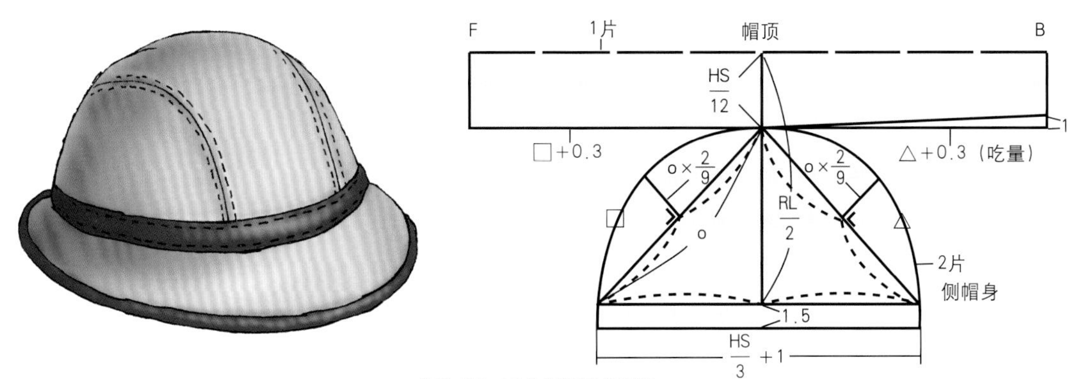

图3–65　三片帽帽身作图法

（4）四片帽型的帽身作图法（图3-66）

3.帽檐的作图法

根据需要可任意设计帽檐的形状：帽檐有宽有窄、有曲有直，而且还有向上翻折与向下耷垂之分，帽檐前后的宽窄也可进行变化，关键是把握好帽檐与帽身相交的角度。通常采用帽檐角度变更法（图3-67），即在边线收省或开刀展开的方法，即可取得不同造型和风格的效果。

一般情况下，帽檐的角度变化有以下几种：

（1）水平式帽檐

如图3-68所示，画出帽围线的同形曲线即为水平式帽檐的帽边线。帽围线的作图法参见图3-62。水平式帽檐一般多用于宽帽檐的设计。

（2）倾斜式帽檐

在帽围线的同形曲线基础上，采用帽檐边线收省的方法来改变帽檐与帽身相交的角度，从而确定其帽檐的倾斜度。其省量较小，倾斜度也较小；其省量较大，倾斜度也较大。小倾斜度的帽檐适合于设计中等宽度和较宽的帽檐，而特别向下倾斜的帽檐则适合于窄帽檐的吊钟帽或罩帽（图3-69、图3-70）。

（3）波浪形帽檐

波浪形帽檐的设计，可在帽檐倾斜度较小的情况下，采用较柔软的面料制作可形成波浪形；另外，也可在帽围线的同形曲线基础上，采用帽檐边线展开的方法来改变帽檐与帽身相交的角度，根据展开度的大小，确定其波浪形的大小。

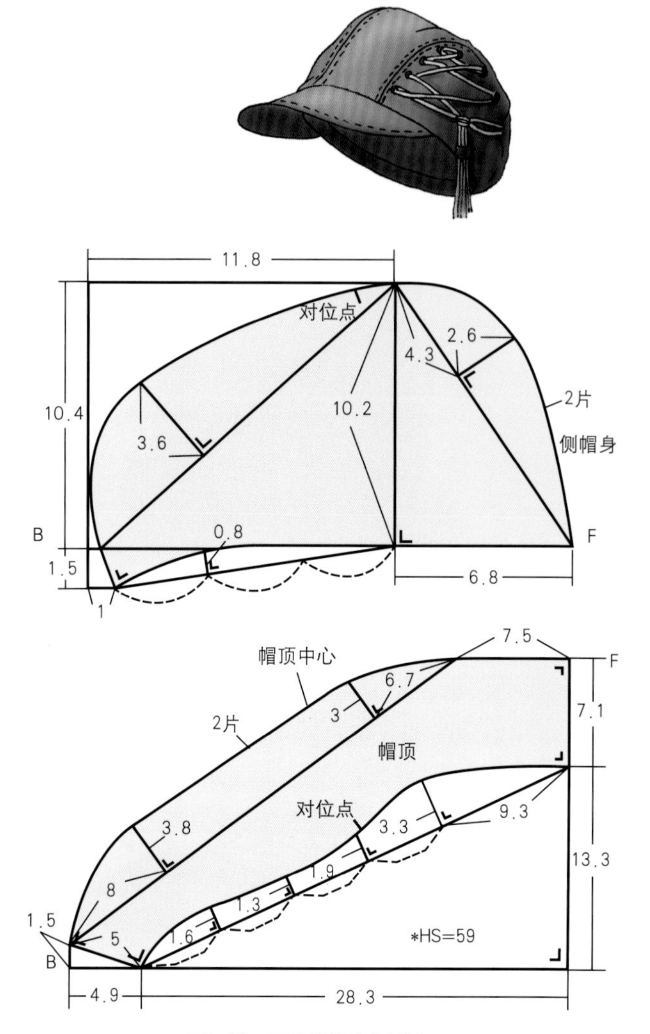

图3-66　四片帽帽身作图法

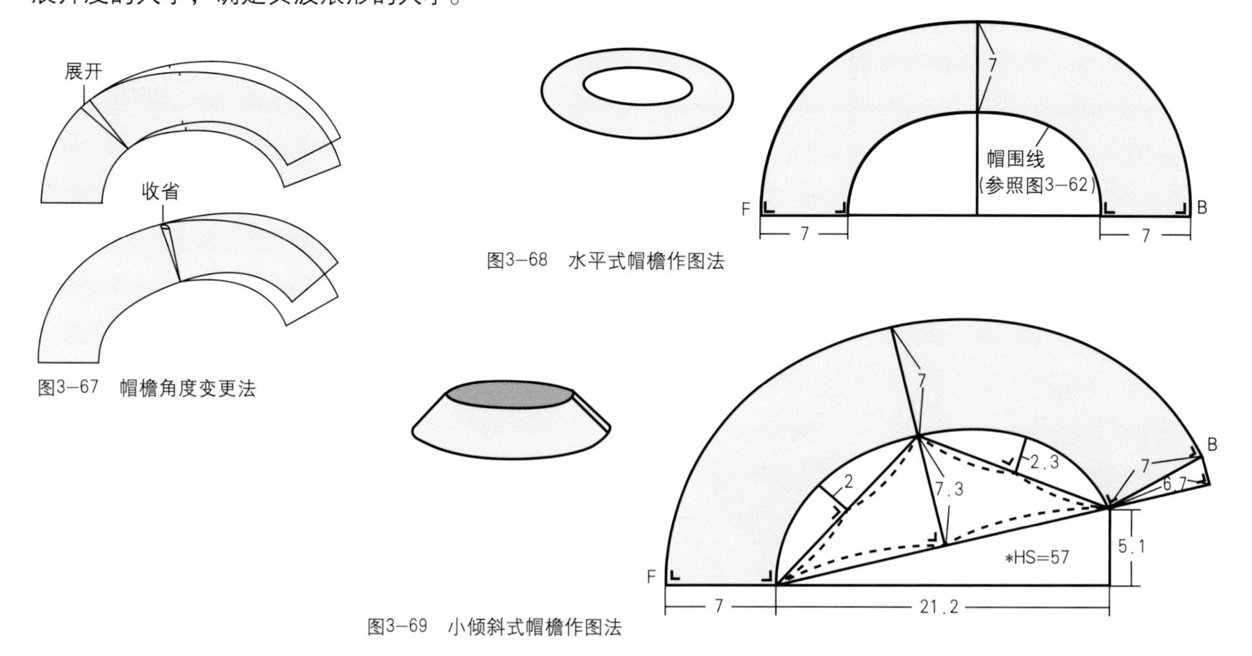

图3-67　帽檐角度变更法

图3-68　水平式帽檐作图法

图3-69　小倾斜式帽檐作图法

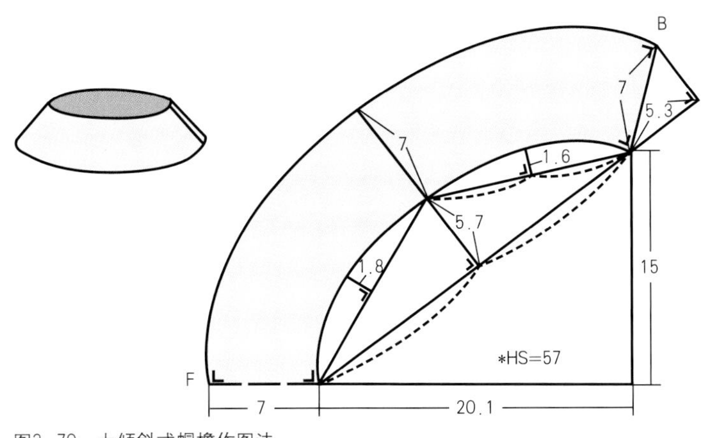

图3-70　大倾斜式帽檐作图法

三、帽制作实例

由于帽的形态各异，制作帽的材料和装饰帽的手法也千变万化，所以每一顶帽所赋予的意义也是不尽相同的。

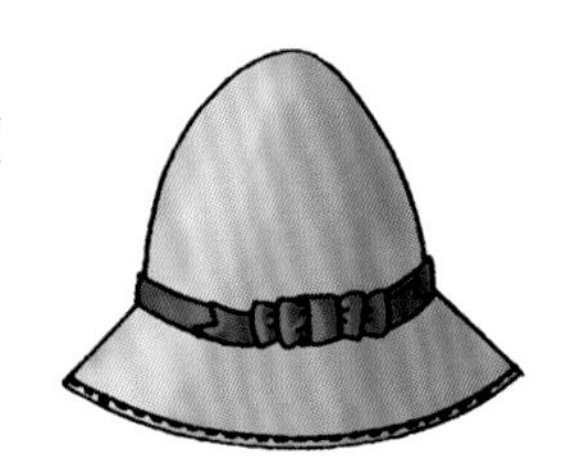

图3-71

1.定型毡帽

定型毡帽（图3-71）的制作方法如下：

①先将模型用塑料布包裹，以防污染模型（图3-72）。

②从帽体的里侧均匀喷雾，趁热把帽体戴在木模型上做造型。首先在帽山的高度加上帽围线缝头量（0.7 ~1.5 cm）的位置上系绳子。然后，整理帽体使之紧贴在木模型上，不能有浮起。不易拉伸的帽体或织物紧密的帽体，一边用汽蒸，一边做型（图3-73、图3-74）。

③在做好型的帽体上包好垫布，用熨斗熨烫固定型，并使其自然干燥（图3-75）。

④在帽冠上涂定型液，涂到绳的位置。干燥后在帽冠的前后中心处做对位标记，同时测量RL的尺寸，以确定帽围线。前后高度相等或是后中心线比前中心线浅1 cm都行（图3-76）。

⑤根据帽围线的位置切开帽体，然后松开绳子，从木模型上取下帽体。为防止拉伸和脱纱粘上牵条衬，多余的毛毡可以用来制作帽檐（图3-77）。

⑥帽檐的制作。首先均匀地从里侧喷雾，将留有缝头的帽围线与帽围模型比齐后系紧绳子。然后，把帽檐顺边的方向自然拉伸，使其贴在模型上没有浮起，并用图钉固定。把牵条衬粘在帽檐外弧线上（图3-78）。

⑦与帽冠相同方法，垫上烫布用熨斗气烫，固定型后再涂上定型液，最后把绳子松开，在帽围线处再涂一层使其坚固。剪去帽檐牵条衬外的多余材料（图3-79）。

⑧把帽檐从模型上取下，注意边不要拉伸。把帽口条机缝在帽围线上，同时剥下牵条衬，把帽边的缝头向内折并机缝（图3-80）。

⑨帽冠和帽檐按对位口重叠对好，斜向缝合固定。最后，在帽围线上固定装饰带与蝴蝶结（图3-81）。

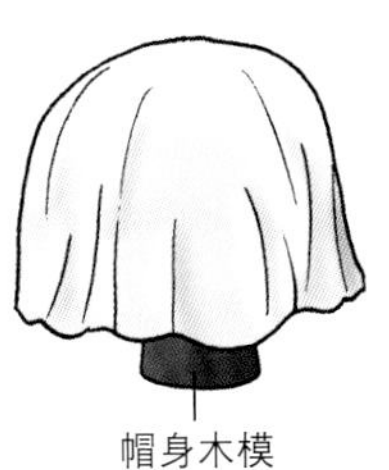
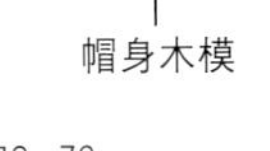

图3-72

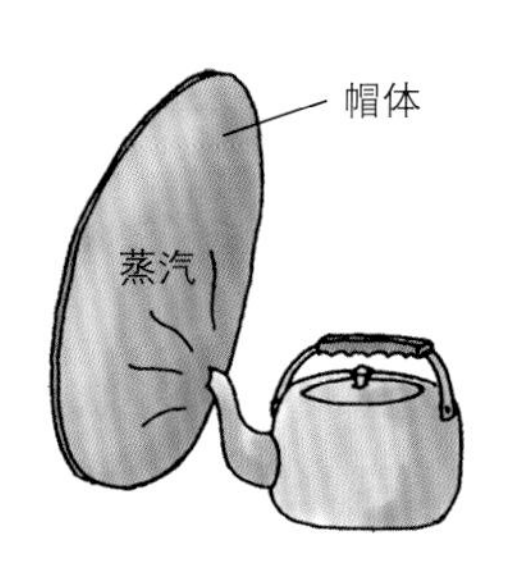

图3-73

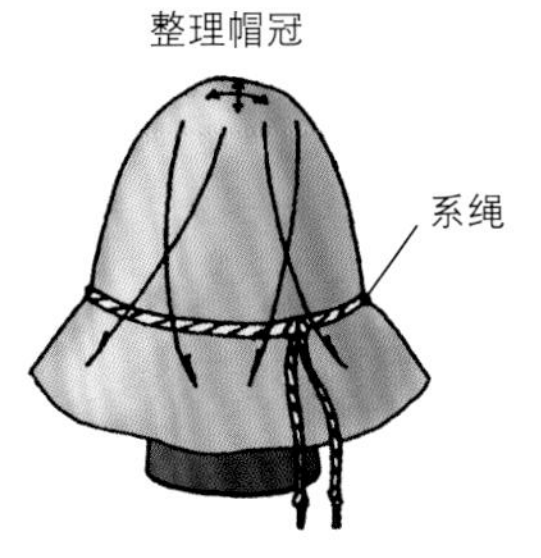

图3-74

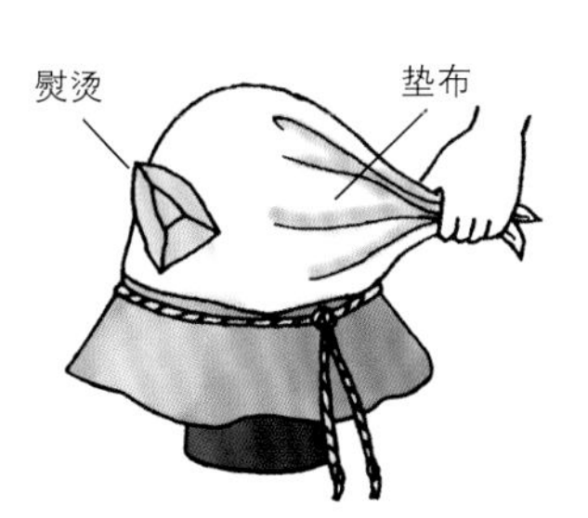

图3-75

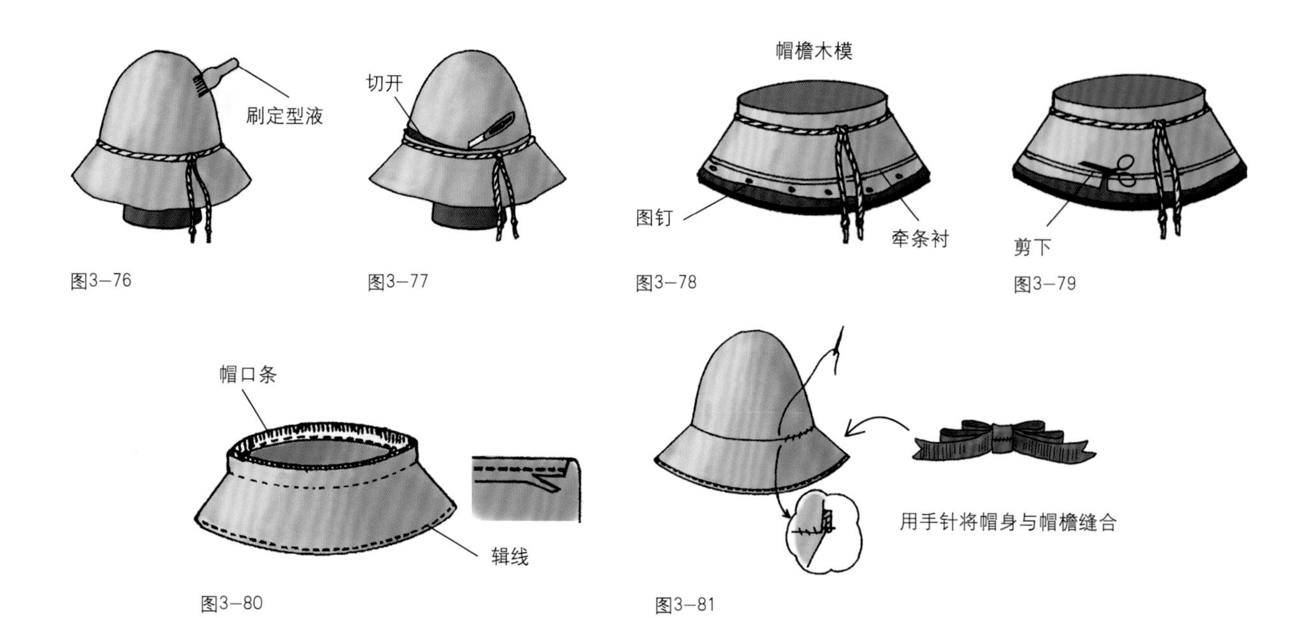

图3-76 图3-77 图3-78 图3-79

图3-80 图3-81

2.布帽

（1）单片带檐帽（图3-82）

材料：帽冠表布（40 cm×40 cm）、帽冠里布（40 cm×40 cm）、帽檐布（12 cm×22 cm）、帽口条（头围+3 cm）、粘合衬少许。

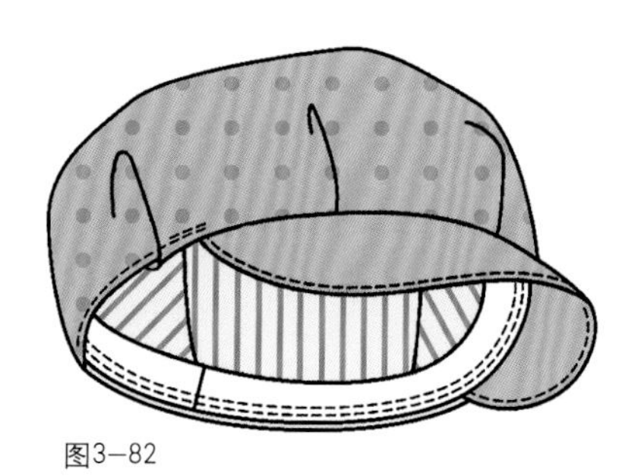

图3-82

制作方法：

①按图裁剪帽的各部件（图3-83、图3-84）。

②帽身的缝制。用珠针将帽围的六个活褶正面相对固定，然后以前中心为准将活褶分别倒向左右两侧，并缉线固定（图3-85、图3-86）。

③缝合帽冠里布的侧缝，缝头劈烫（图3-87）。

④将帽的表布与里布反面相对，帽围边缘对齐，缉缝一周（图3-88）。

⑤帽檐的缝制。将上下两片帽檐布（上片反面贴粘合衬）正面相对沿外侧弧线缉合，翻出正面。如果要加强帽檐的硬挺度，可放入纸板帽檐（按净样裁剪，不需留缝头），使面料平服紧绷。尽可能靠近纸板内侧弧边将两层面料疏缝固定。距帽檐外侧弧线边0.5～0.8 cm 缉线（图3-89、图3-90）。

⑥帽的组合。将帽子前中心点与帽檐内侧中点对齐、缝合一周（图3-91）。

⑦缝合帽口条。把帽口条放在帽围线的净样线上，然后缉线一周（图3-92）。

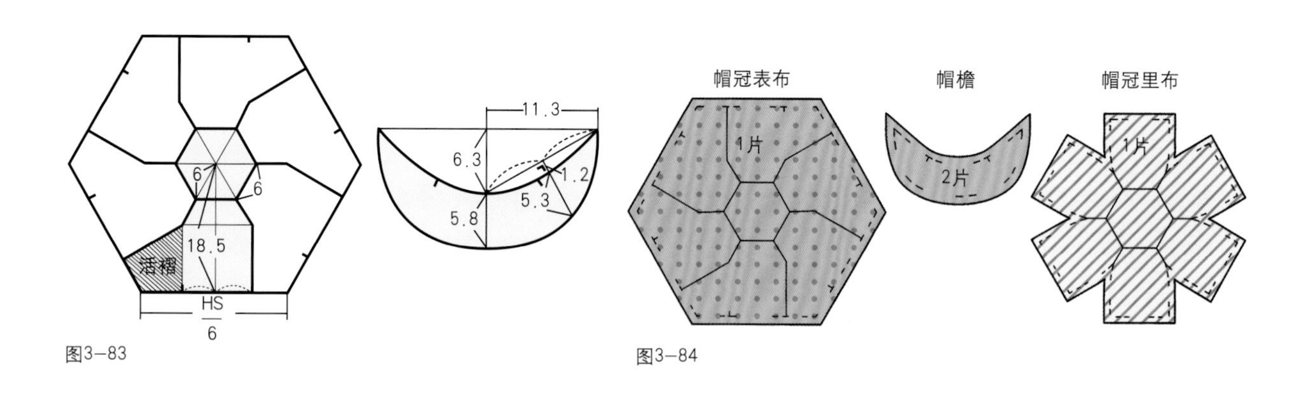

图3-83 图3-84

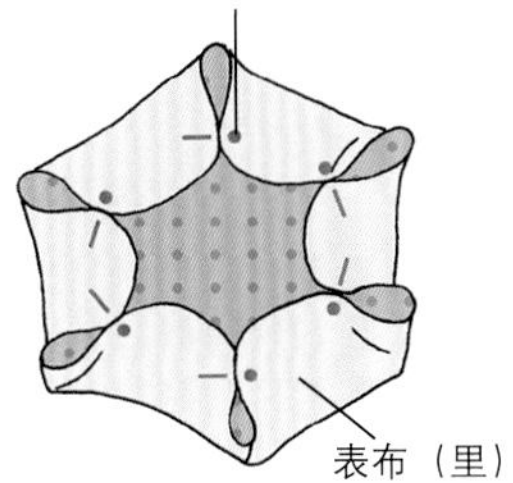

图3-85

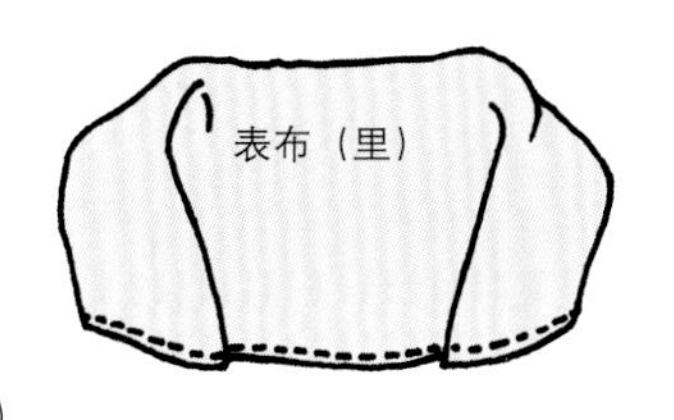

图3-86

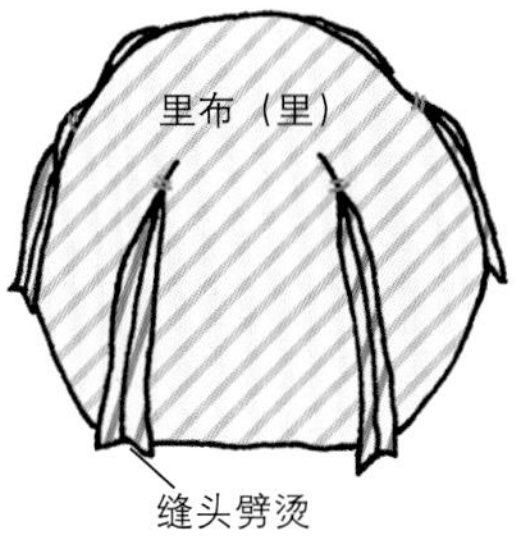

里布（里）

缝头劈烫

图3-87

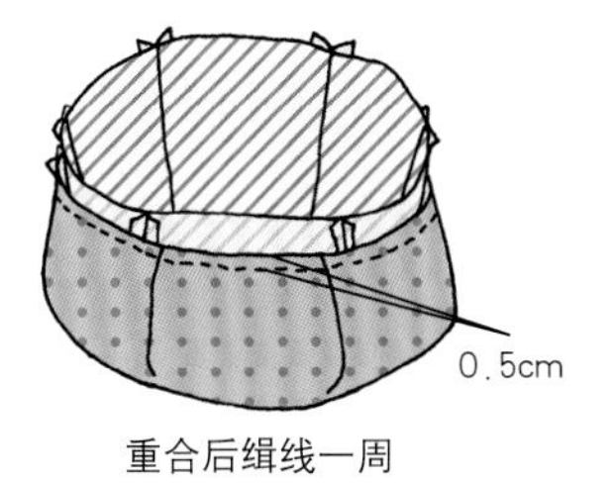

图3-88

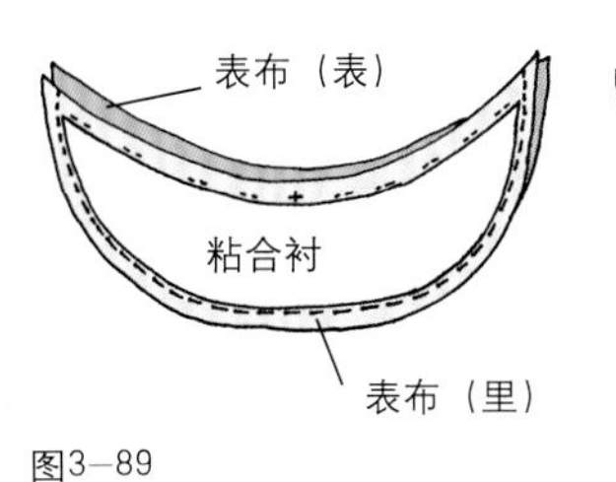

图3-89

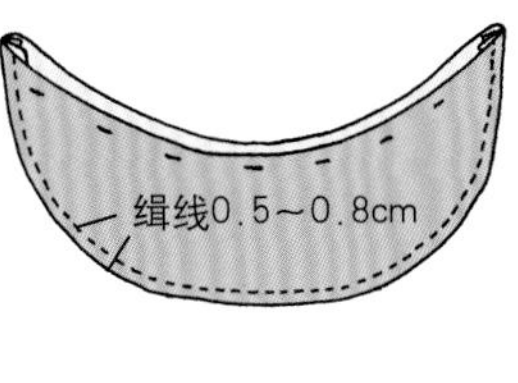

图3-90

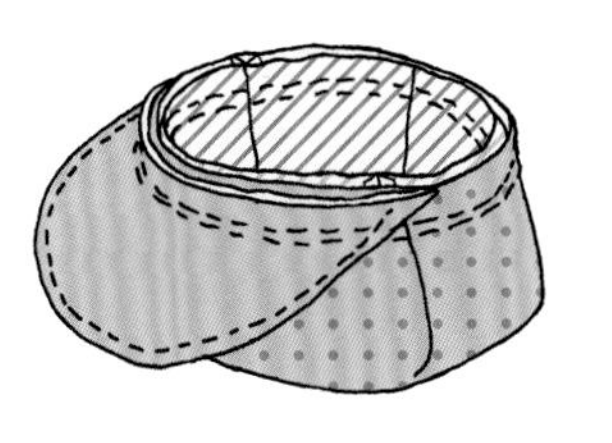

图3-91

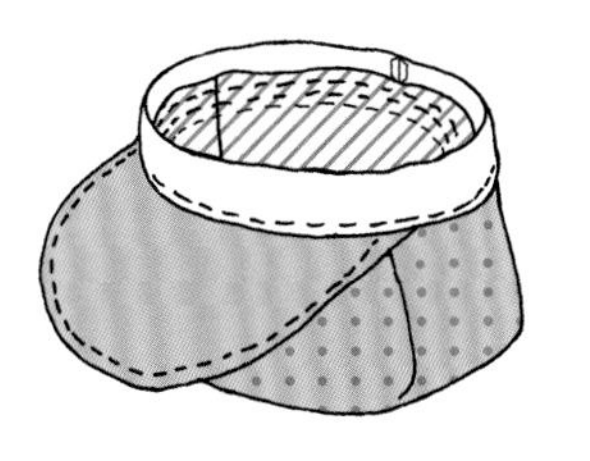

图3-92

（2）六片钟形帽（图3-93）

材料：帽冠各色表布各一枚（28 cm×18 cm）、帽冠里布（28 cm×110 cm）、帽檐布（12 cm×22 cm）、帽口条（头围+3 cm）、装饰图案一个。

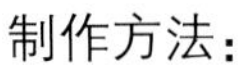

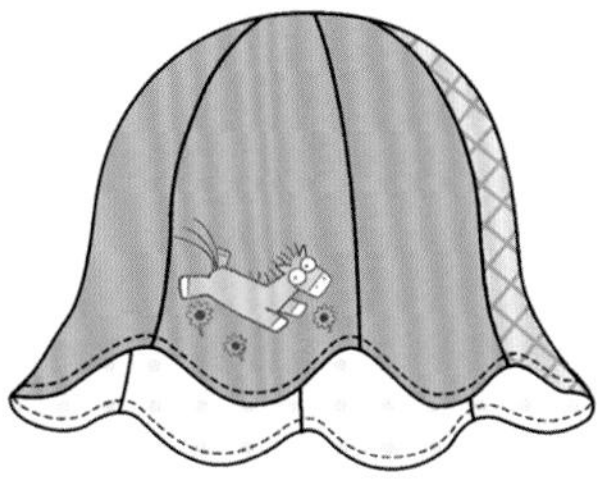

制作方法：

图3-93

①按图裁剪各色帽片（图3-94、图3-95）。

②取制作帽冠的六枚裁片（四片主色面料和两片拼色面料），将其分为两组缝制。将帽片正面相对缝合，弧度处打剪口，然后将缝头分缝熨平。用同样方法制作另一组（图3-96至图3-98）。

③把装饰图案缝合在帽边（图3-99）。

④将两组帽片正面相对，先用大头针固定，然后从中间分别向两边缝合，完成帽冠外部制作。注意各裁片应在帽顶汇聚成一点，如果有偏差可以缝一枚用面料包裹的纽扣遮盖（图3-100）。

⑤按步骤2和4制作帽里（弧度处不必打剪口）。

⑥将帽的表与里正面相对，边缘对齐，保留0.5 cm缝份缉合一周。在边缘要留一个口，把帽的表面翻出（图3-101、图3-102）。

⑦距帽边0.5～0.8 cm处缉线（图3-103）。

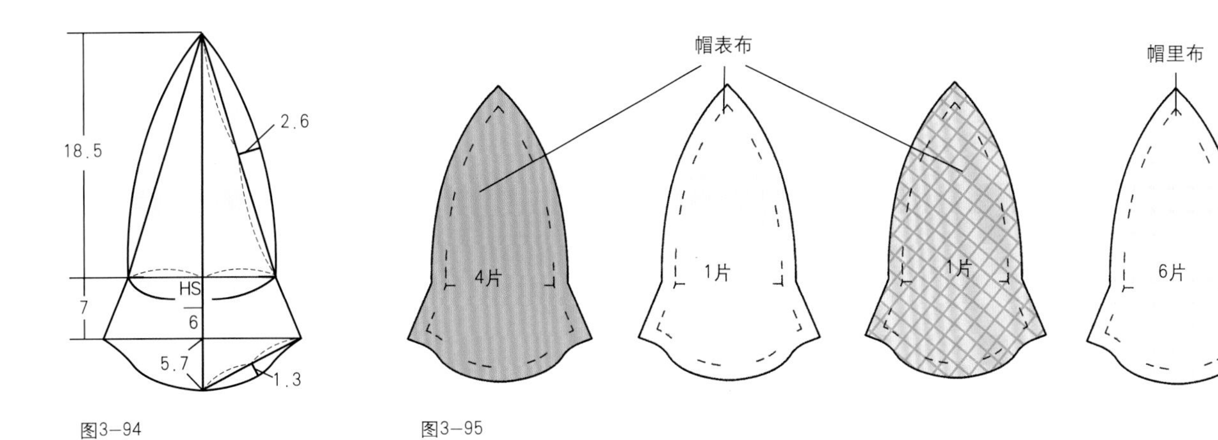

图3-94　　图3-95

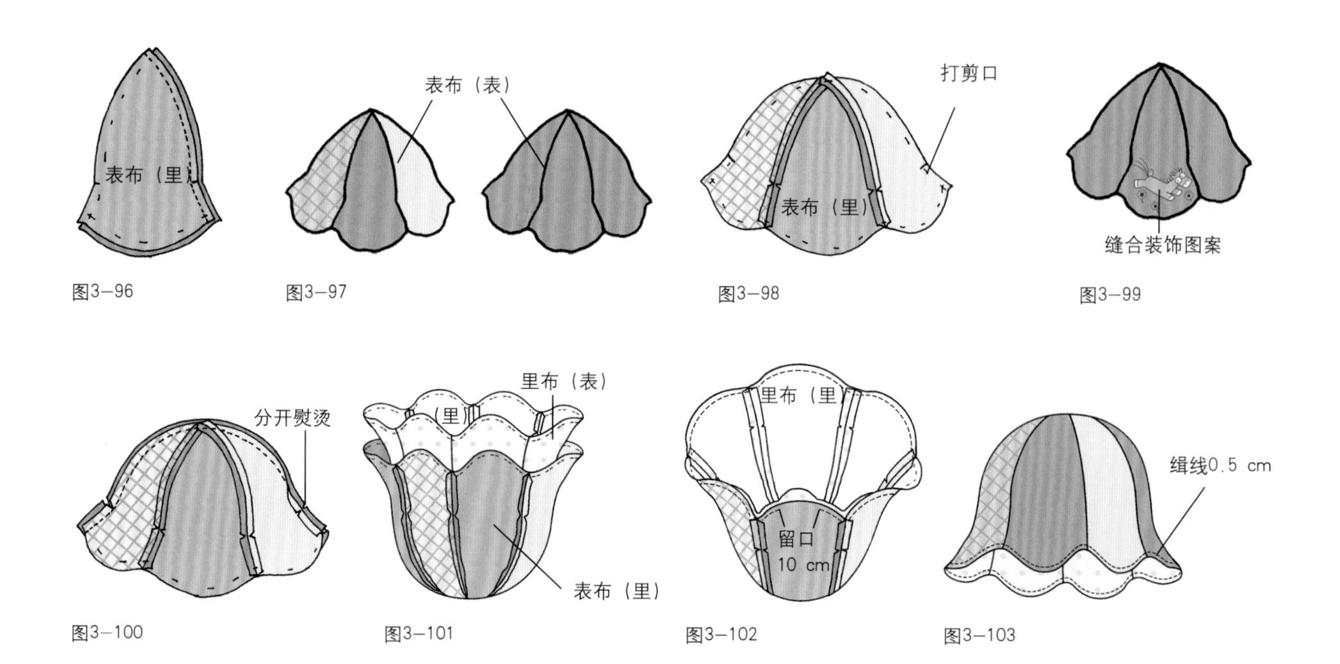

图3-96 图3-97 图3-98 图3-99

图3-100 图3-101 图3-102 图3-103

（3）贝雷帽（图3-104）

材料：帽表布（90 cm×50 cm），帽里布（90 cm×50 cm），帽口条，牵条（头围+3 cm），粘合衬、花边少许。

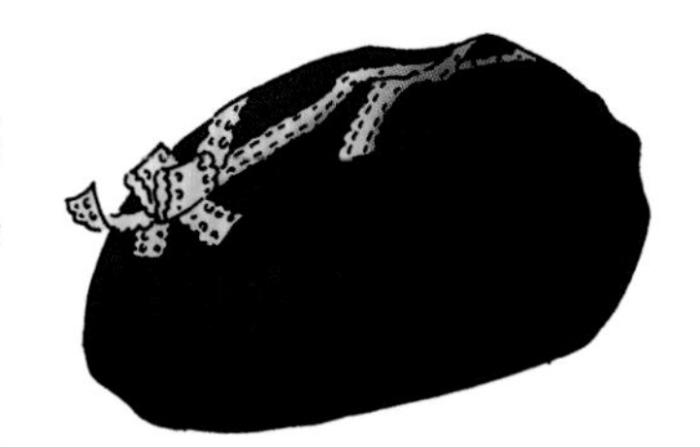

图3-104

制作方法：

①按图裁剪帽的各部件（图3-105、图3-106）。如需缝制里布，按相同方法裁剪。

②将花边缉双线固定在帽顶（图3-107）。

③缝合帽墙两边的侧缝线，缝头劈开熨烫（图3-108）。将帽顶边线与帽墙上口边线按照对位点表面相对并缝合。缝头劈开熨烫，在缝的两侧压明线。然后将牵条缝在帽口边缘，沿帽口的净样线将缝头往帽里折烫（图3-109、图3-110）。

④缝合帽墙里布的侧缝线，缝头侧倒熨烫。帽墙的表和里像图示那样对好，用手工针疏缝（图3-111）。

⑤上帽口条。把帽口条缝合在帽口的净样线上（图3-112）。

⑥最后用花边制作两个蝴蝶结装饰在帽顶（图3-113）。

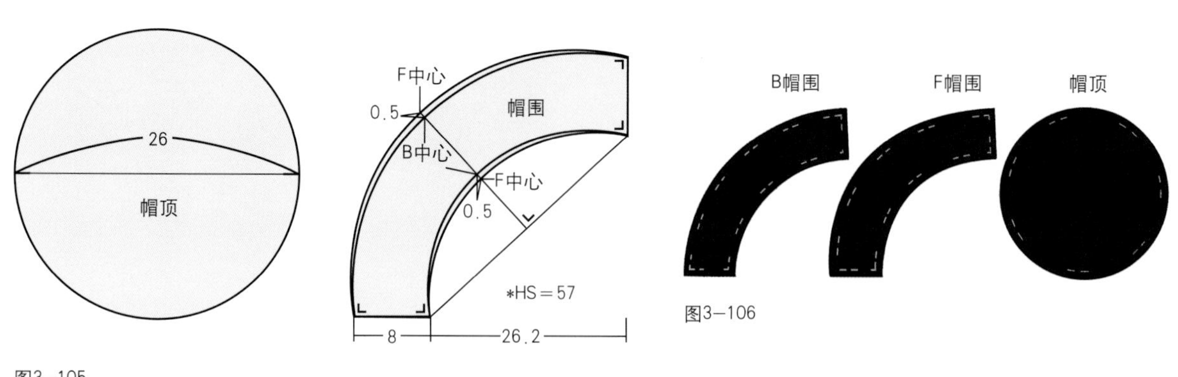

图3-105

图3-106

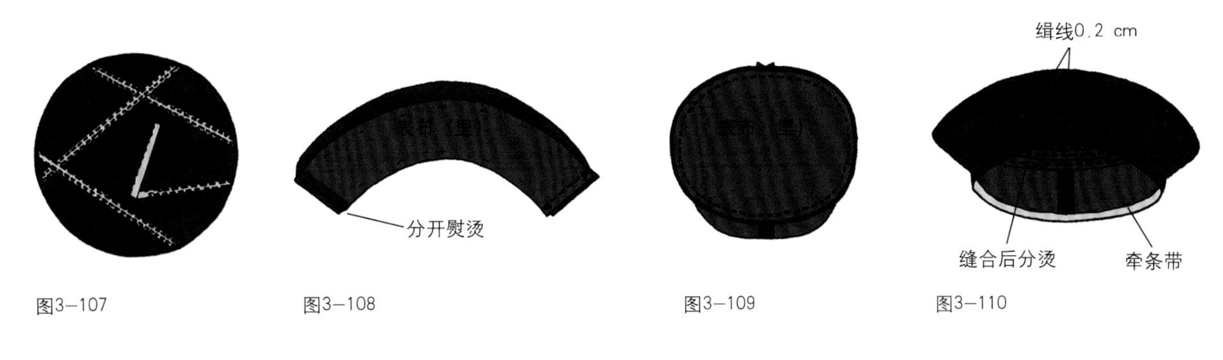

图3-107　图3-108　图3-109　图3-110

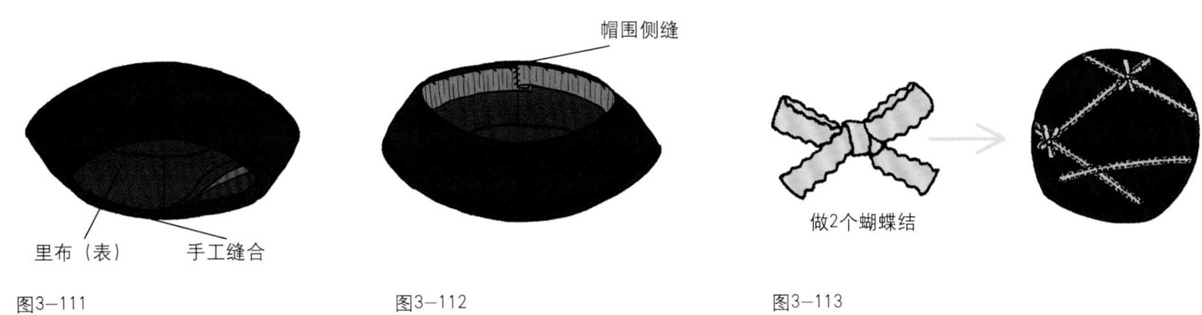

图3-111　图3-112　图3-113

（4）鸭舌帽（图3-114）

材料：帽冠表布（28 cm×110 cm）、帽冠里布（28 cm×110 cm）、帽檐布（12 cm×22 cm）、帽口条（头围+3 cm）、粘合衬少许。

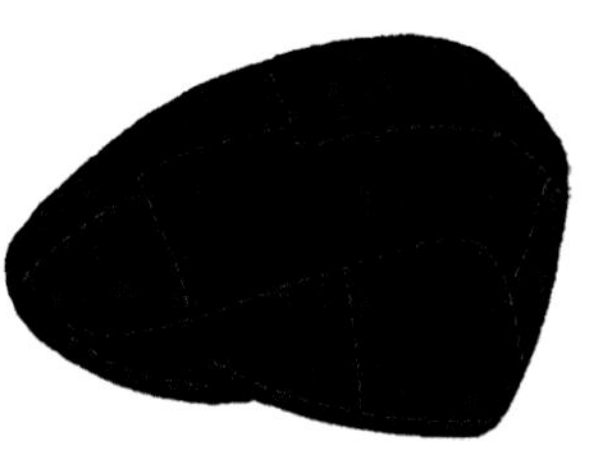

图3-114

制作方法：

①按图裁剪帽的各部件（图3-115、图3-116）。

②依次缝合帽表的帽顶中心线和侧缝线，缝头劈开熨烫。用相同的方法缝合帽里（图3-117）。

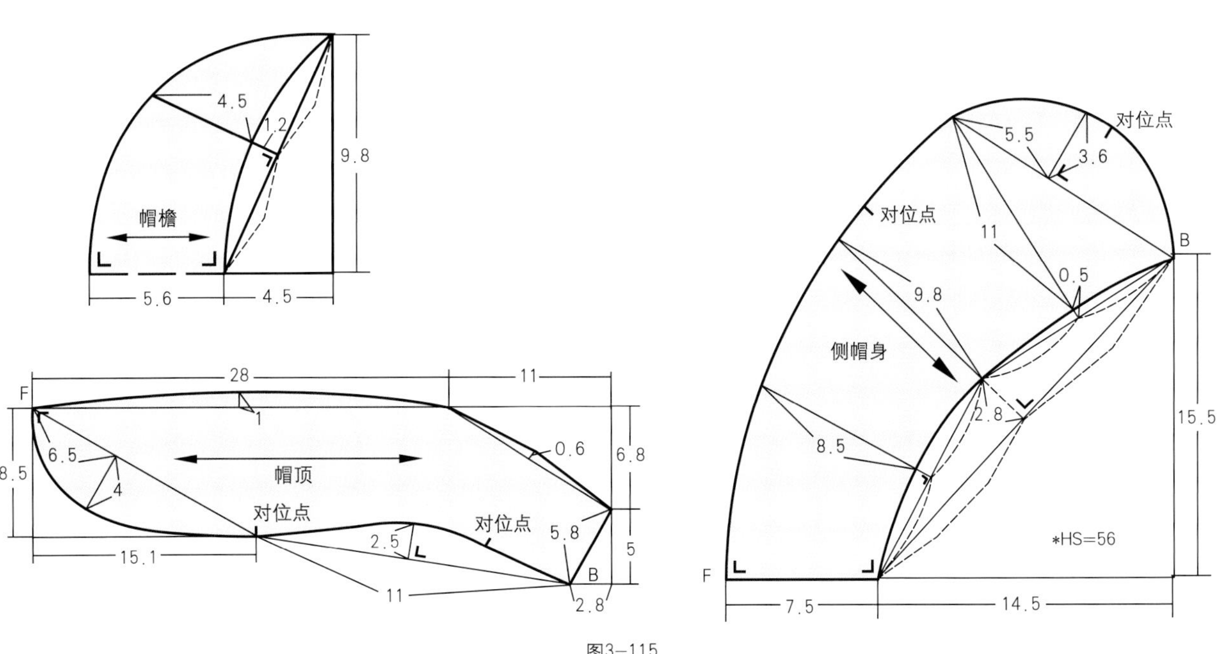

图3-115

③帽冠的表与里反面对好，在帽围线的净样线外侧0.2 cm机缝一周（图3–118）。

④制作帽檐，方法参见“一片带檐帽”。

⑤按照对位点，将帽檐固定在帽围前中心。上帽口条时，将其上在帽围的净样线上（图3–119）。

⑥整形后，如图所示用手工针在帽上缝装饰线（图3–120）。

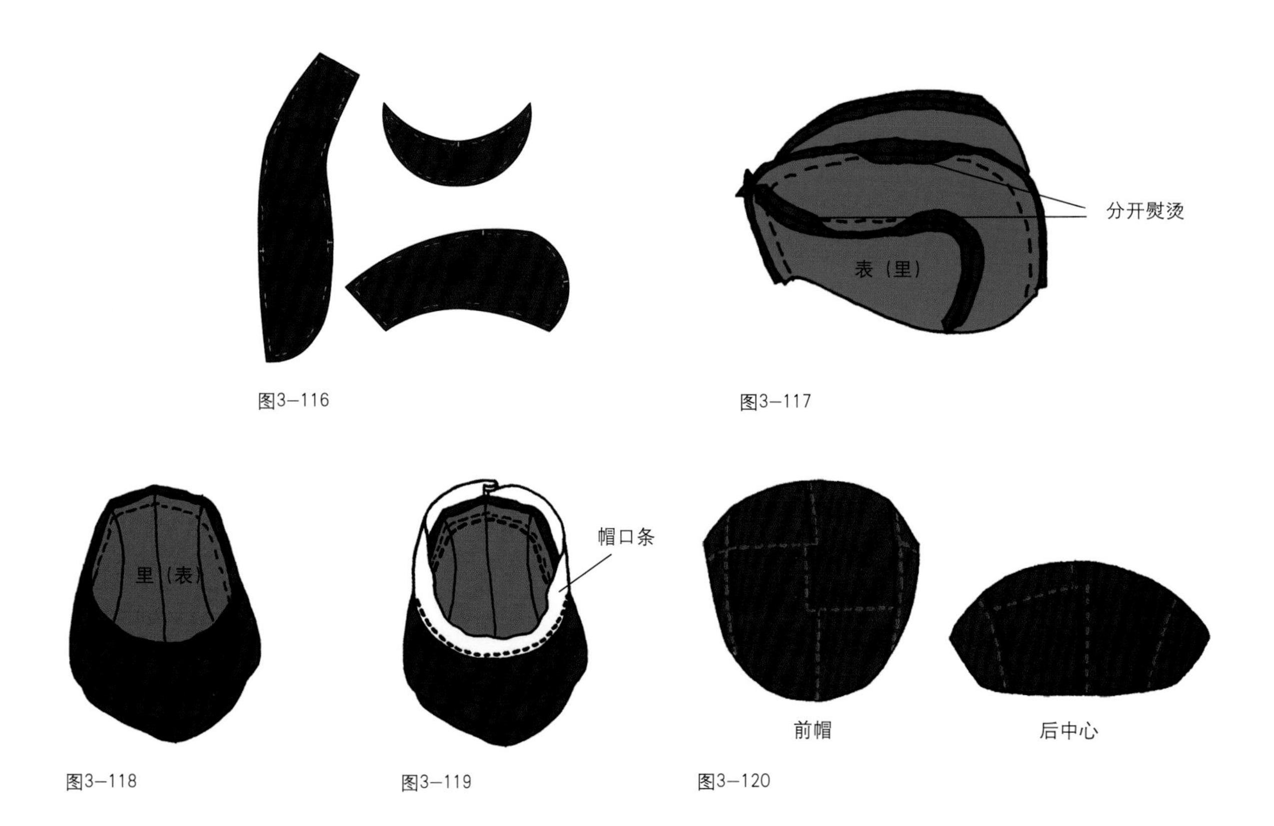

图3–116 图3–117

图3–118 图3–119 图3–120

小 结

各种风格的帽的设计与制作方法，实际上大部分款式的制作只需要一些基本的缝制技术、原材料和机器设备，当然也有一些特殊工艺必须用专用设备进行制作。通过学习，我们会发现自己动手制作漂亮、时髦的帽子是件非常有趣和容易的事，它会带给我们愉快的心情和成就感。我们在设计帽子时，应该运用如面料设计、刺绣工艺、手工编织、装饰花设计、珠宝设计等知识。

第四章　包的设计

在历史的发展与变迁中，包的产生与演变不仅与服装的变化有关，也与科学技术的发展、人们生活方式的变化有关。伴随着流行趋势的多样化，包已成为重要的装饰配件。在设计中应充分考虑包的功能性和实用性，同时加入流行元素，并且要根据出行目的或场合以及持包者的衣着打扮作相应的搭配。

第一节　包的分类与常用包简介

一、包的分类

包的形式较多，通常有以下几种分类方法（表4-1）：

表4-1

使用功能	休闲包、时装包、工作包、书包以及专业用包等
使用材料	皮包、人造革包、布包、草编包、珠编包等
制作工艺	刺绣包、珠绣包、压花皮革包、镂空包等
携带方式	单肩包、双肩包、手提包、腰包等
使用人群	女用包、男用包、小学生书包、职业女包、军用包等

二、常用包简介

1.公文包

公文包通常为职业人员上班时使用，一般可分为手提式、挎肩式和夹带式三种类型。公文包造型以方形和直线分割为主，简洁实用。包面装饰主要有角皮、贴皮、针扣带、明缉线等效果。包体内层设计充分体现其功能性，内层较多，以便于分类存放文件。公文包一般采用皮革制作，其色彩多为深色系列，通过一些搭扣、标志等装饰起到画龙点睛的作用（图4-1、图4-2）。

图4—1

图4—2

2.时装包

时装包是女士上班、访客、出门时与时装配套使用的一种较正式的包袋类型，可分为软体时装包和定型时装包两大类。时装包的造型以简洁的长方形和梯形为主，通过块面分割、图案花纹以及装饰附件等形式，适当加入一些具有女性柔美特点的曲线元素。其色彩以单色居多，除黑、棕、红等常用色外，还可选择当季流行色卡上的任何一种颜色。材料设计多选用各类天然及合成皮革，通过对材料的加工，形成不同的肌理效果（图4-3、图4-4）。

图4-3

图4-4

图4-5

图4-6

3.晚装包

晚装包是女士出席正式的社交场合用包，其装饰性大于实用性。晚装包造型轻薄小巧，以软体结构为多，其材质多采用皮质，也可用丝织物或其他材料。针对礼服款式的特点，为与服饰相搭配，包体通常用人造珠、金属片、金属丝、刺绣图案、花边、人造花等装饰，以追求华贵亮丽的效果（图4-5、图4-6）。

4.休闲包

休闲包是与休闲服装搭配使用的一类包，一般可分为手挽包、单肩包和背包等类型，具有携带方便、风格随意等特点，是适用范围最广的一种包袋类型。下面是几款常见的休闲包：

沙滩包：沙滩包是一种休闲味很浓的包型，多用各种色布、花布、细帆布、斜纹布、草编、麻、皮等轻型面料制作。其色彩鲜艳，常用一些贴花以及立体花结作装饰，女性味很浓，一般在郊游、休闲时携带（图4-7至图4-9）。

图4-7

图4-8

图4-9

筒包：其外观呈圆筒形，包口通常用绳索收紧。筒包多为日常外出时携带，一般用皮革和牛津布等材料制作（图4-10）。

双肩背包：它是年轻人在郊游或外出旅行时常用的包款，通常用皮革、人造革、牛仔布、牛津布等材料制作，常在表面用铆钉、金属片等作装饰（图4-11）。

购物袋：其为盛装物品的包型，包体较大，造型多为方形。虽然结构简单，但包袋表面图案丰富，色彩多样，多选用布料、塑料、纸等材料制作。

腰包：一般固定在腰间，多为外出旅行时使用。腰包体积不大，方便实用，常用皮革、合成纤维、印花牛仔面料等材料制作（图4-12）。

图4-10

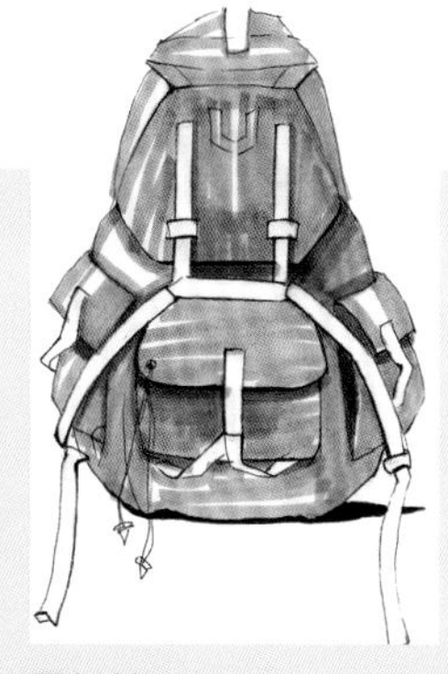
图4-11

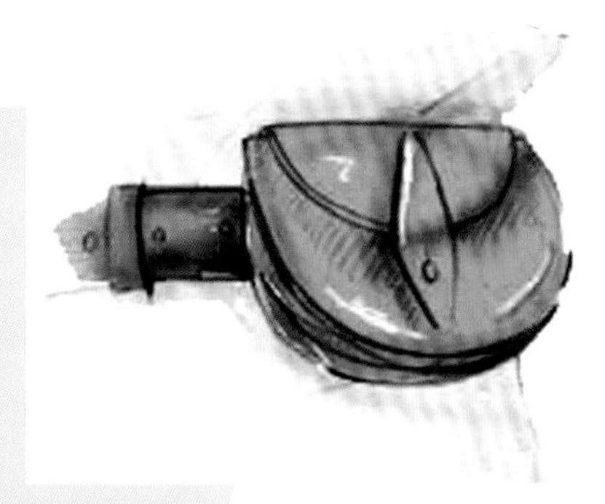
图4-12

5. 化妆包

它是女士存放化妆品用包。小体积化妆包用于存放日常基本化妆用品，其造型多样，风格柔美，常使用装饰性强的面料制作，并用花边、缎带、珠子等装饰（图4-13、图4-14）。

6. 钱包、钥匙包

它是用来装钱、钥匙、信用卡等物品的专用包。包内有特定夹层，以分放不同物品，造型一般为长方形、正方形或方中带圆形。一般用皮革、牛津布等较厚的材料制作，外表多采用压花、拼色等方法装饰（图4-15、图4-16）。

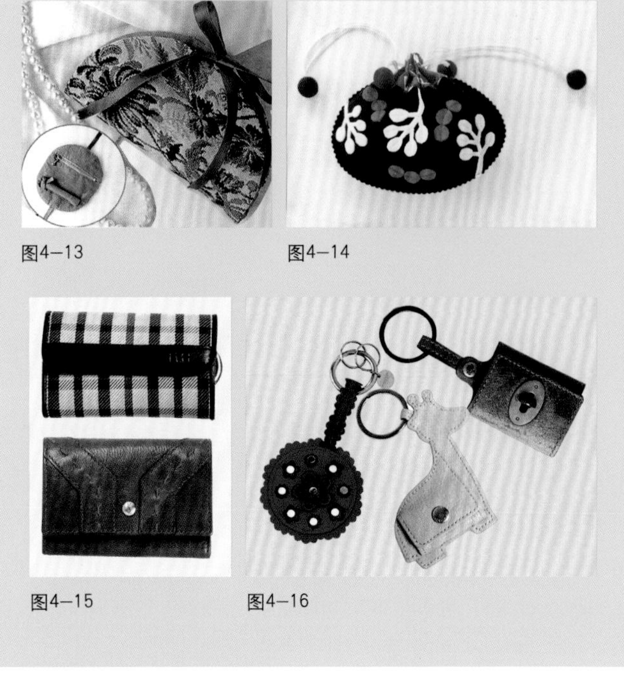

图4-13　图4-14　图4-15　图4-16

7. 书包

书包是学生上学用包。小学生书包一般为双肩背包，为使各类学习用具能分开放置，外面附有几个小袋。包体色彩鲜艳醒目，很多书包上印有各式卡通人物或动物图案；中学生书包包体大于小学生书包，一般为双肩背包，也有单肩背包。书包常用防水牛津布制作（图4-17）。

图4-17

图4-18

8. 运动包、旅行包

运动包和旅行包是人们参加体育运动或外出旅行时用包。这种包体积较大，面料多选用结实耐用的帆布、尼龙布、人造革、皮革等。在风格上体现一种青春、健康的风尚（图4-18）。

9. 电脑包、相机包

电脑包和相机包都是存放贵重器材的专用包。这类包内层用较硬挺的材料制作，以防止器材受损。外部轮廓分明，包内有隔板，以免器材互相碰撞。

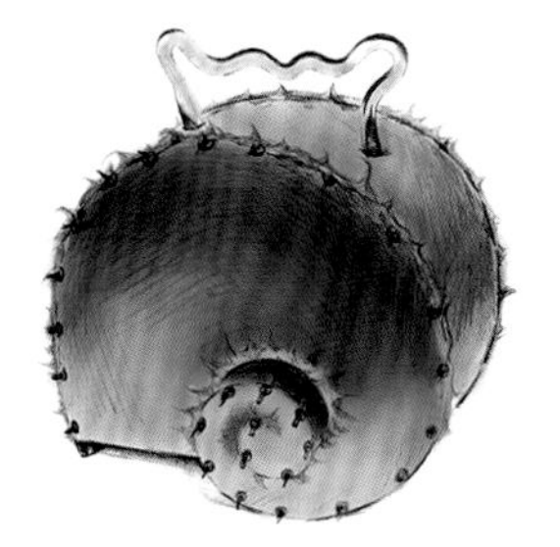

图4-19

图4-20

10. 创意包

创意包在造型、色彩或材料等设计要素上具有较强的视觉冲击力，它重在表现独特的文化情趣与个性（图4-19至图4-22）。

图4-21

图4-22

第二节　包的设计

包是用来放置各种随身物品的袋状服饰品，其造型变化多端，款式多样。包的设计主要指对包的造型、色彩、面料、装饰等方面进行设计。

一、包的基本构造

我们把手提包的本体称作包体，把包体表面一侧称“前面”，里面一侧称“后面”，将这两面缝合起来就形成袋状，可以放入较平整的物件。但若要放入较多的物品又不使包变形，就需将包塑造成立体的，这就是包的“侧面”（包墙）和“底”的作用。为了安全和美观的需求，通常都会在包的开口部位设置“包盖”。因为包是人们外出时携带物品所用，所以“手提带”是为方便携带而必备的包体结构部件（图4-23）。

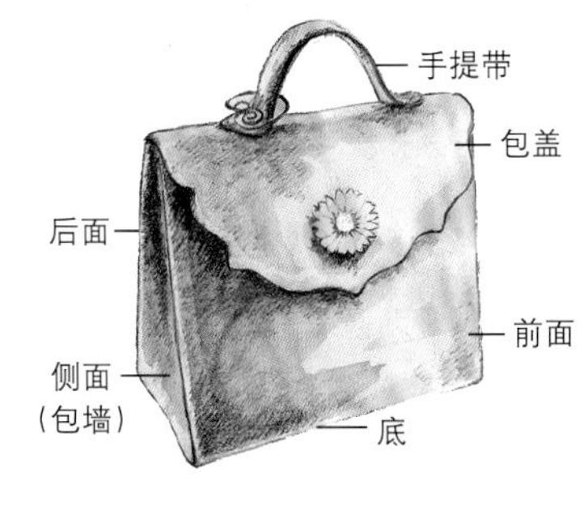

图4-23

二、包的造型、色彩、图案及装饰设计

1.包的造型设计

（1）包的基本造型

包的造型可分为几何造型和仿生造型两大类。

包一般以长方形、方形为基础造型，可在此基础上进行夸张、展开设计。几何造型包括长方形、正方形、三角形、圆形、椭圆形和梯形等（图4-24至图4-26）。软结构的包其外形随内部盛装物品的变化而变化。图4-27为Ports 1961原木手袋，这款奢华的原木手袋，经过最有经验的工匠以全手工精心打磨，被赋予了曼妙如满月的圆弧造型、温润如琥珀的色泽以及细腻堪比婴孩肌肤的触感。原木手袋以它的至真、至美、浑然天成及极致手工征服了疲劳于鸵鸟皮、鳄鱼皮、蜥蜴皮及仿制品的眼睛。

图4-24

图4-25

图4-26

图4-27

仿生造型主要以自然界的植物、动物或器物形为仿生形象，如花卉、水果、鱼形、蝴蝶形等（图4-28至图4-31）。

图4-28

图4-29

图4-30

图4-31

（2）包的形式美感

包的造型设计借助于形式美感的表现，特定的心理情感、主题思想往往和某些物体或现象相联系，而这些物象本身又与某种特定的形状相联系，从而形成一种共识的观念，即把形态、位置和方向当作一种象征，并由此产生联想。一般垂直与平行的造型易平衡、静止，有稳定、庄重、挺拔感；而倾斜形态可构成强烈的运动感。尖角边缘造型从视觉上使人产生刺激扩张感；曲线易产生动感，最富活力，自由曲线以其活泼流畅的造型能增强视觉运动的快感。波浪线比曲线更为动人，它是一种富有节奏感的造型，有强烈的运动张力感。因此，形状的形式情感原理是包袋造型设计的重要理论参考，一般来讲，带有规则直线化造型的包袋，简洁明了、坚实大方，适合工作以及正式场合用包。曲线的变化使人产生视觉舒适感，休闲包类多选用流线廓形来表现自由、舒适与轻松。

包是时装的一部分，变换快速，换代频繁。图4-32是卡地亚的手袋，它在材质上选用了优质的皮革，摸上去灵巧柔顺，形状的设计令手袋所有部分都能顺应身体动作与姿势。或许放在众多的包之间它不会最引人注目，却是值得长久回味的一款。无论是包内的特制双C提花衬里、包底的牢固铜制护钉，还是包身及拉链上简约的双C图案，都经得起时间的考验。卡地亚追求长远、经典的设计，用低调的模式来表现当代女性对包的内心需求。在我们的想象中，携带这款包的女性也应是从不追求潮流，非常认可自己，具有感觉良好的性格；来自世界各地的潮流资讯表明，那些已经大红大紫的彩色超大包包已成为这一季的流行。超大的款式不仅实用还吸引了众多的眼球，让你看起来更加摩登，给平淡的着装一丝活跃的气息（图4-33、图4-34）。

图4-32

图4-33

图4-34

2.包的色彩设计

色彩在包的设计中具有十分重要的位置，是包的设计的主要内容之一。包的色彩设计应考虑使用者的年龄、身份、使用时间、使用场合以及包的材料、质地、图案等。

（1）同一色系的配色

包的设计中只采用一种颜色，包括单一无彩色设计和单一有彩色设计。

同时，我们也将颜色本身以明暗深浅所产生的新色彩归属于同一色系。同一色系的配色永远都是稳定安全的安排，配色的失败率也几乎等于零（图4-35、图4-36）。

（2）类似色的配色与调和

这主要是指将色环上相距60° 以内的两个或两个以上的颜色进行配置，在配色上，也是属于较容易调和的颜色。类似色的搭配主要是靠相互间共有的色素来产生调和的作用，视觉效果和谐、雅致、柔美、耐看（图4-37、图4-38）。

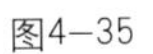
图4-35

图4-36

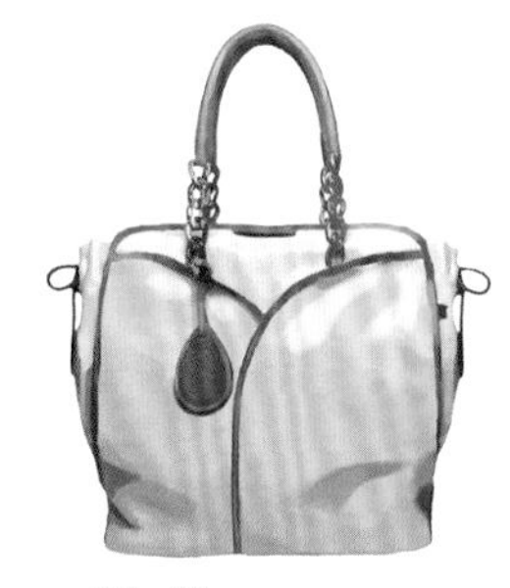

图4-37

图4-38

（3）互补色的配色与调和

这是指色环上相距180° 的两个色彩。互补色的调和是美感度很高的配色，其色调变化多端，视觉效果强烈刺激。搭配得好，有明朗、活跃、华丽等感觉，反之，颜色间会相互排斥，显得格格不入。采用互补色进行设计时，需要进行调和处理，增加相同或相近的要素。如注意配色双方的面积对比，或降低彩度，或采用无彩色隔离等方法，使互补色双方既互相对立又互相统一，达到最佳视觉效果（图4-39、图4-40）。

图4-39

图4-40

（4）无彩色与有彩色的配色

无彩色黑、白、灰与各种有彩色进行色彩搭配，极易起到统一调和的作用，常被作为隔离色使用，用来缓和彩色之间不协调以及冲突的现象。使用低纯度色与无彩色搭配时，应使各色明度有所差别，以避免产生苍白无力感（图4-41、图4-42）。

图4-41

图4-42

（5）流行色的应用

包的设计中流行色的应用灵活多变，运用时应注意面积比例的适度，把握好主色调。配色时，大面积主色一般应选用已显露流行端倪的色彩或正值流行高潮的色彩。另外，无彩色和各种含灰色也经常作为辅助色彩出现于包的色彩设计中（图4-43）。

图4-43

图4-44

3.包的图案设计

图案是一种纹样装饰，具有特定的装饰性和实用性，是与工艺制作相结合、相统一的一种艺术形式。

（1）包的图案种类

①植物、花卉图案。在包袋的图案的创作中，千姿百态的花卉造型被世人所广泛喜爱，永远是包袋装饰表现的主题。由于植物、花卉的生长结构较灵活，在图案设计中利于分解组合，无论是写实还是写意的花卉纹样其表现形式都趋于多样化（图4-44、图4-45）。

图4-45

②动物图案。在包的装饰中，动物图案的应用虽属常见，但因动物的形态一般不宜作太大的分解组合，所以不如花卉图案那样应用广泛。此类图案多应用于儿童包以及休闲包。另外，现代包流行用动物皮毛的斑纹作图案装饰，如斑马纹、虎皮纹、斑点狗皮纹、鱼皮纹等，给人自然、时尚之感（图4-46至图4-48）。

③人物图案。图案中人物造型的装饰手法十分多样：有的将人物简化为单纯的剪影或几根线条，有的极力夸张变形，追求趣味，更有将嘴唇、眼睛、手印、足印等印在包袋上，取得怪异荒诞的个性化效果。另外，人物的各种动态也是丰富图案造型的极好参照（图4-49）。

图4-46

图4-47

图4-48

图4-49

④文字图案。文字图案具有丰富的表现性和极大的灵活性，无论哪种字体都有其鲜明的文化特点，它所涵盖的意义和引起的联想远远超出了其自身的内容和形式。文字形象的塑造主要是依靠字体的设计和文字间的排列组合，极力寻求标新立异、形式多样的效果。图4-50为Louis Vuitton 的Monogram 帆布面料手袋，其花纹已成为世界上最为人熟知的标识。图4-51为法国珑骧（LONGCHAMP）手袋。此包袋是该品牌本季推出的IT Bag系列，“IT Bag”乃流行俗语，解作极具代表性的时尚手袋。

⑤抽象几何化图案。抽象几何图案一般是指不代表具体形象的概括化的几何图形，没有自然物的具体形象，采用单纯简明的几何形和色彩构成纹式，具有简洁、明快、能够迅速传达信息的特点（图4-52、图4-53）。

图4-50

图4-51

图4-52

图4-53

（2）包的图案构成形式

包的图案构成是一个相对简洁却层次多样的组织结构，它既包括了图案自身的构成也包括了图案在包袋上的装饰布局。其构成类型大致有四种：①局部的或小范围的块面装饰，我们称之为“点状构成”；②边缘或局部的细长形装饰，我们称之为“线状构成”；③布满包袋整体的满花装饰，我们称之为“面状构成”；④将上述类型综合运用的“综合构成”。无论是抽象图案还是写实图案，无论是传统图案还是现代图案，在具体表现时都离不开点、线、面的元素，往往在实际操作中较多地运用综合构成，充分表现设计的主题思想。

在现代包袋及饰品的设计中，带有民族美感风格的样式往往以某类民族服饰或者民俗服饰作为设计灵感。那些深存祖先遗痕和极富文化渊源的民族、民间艺术作为珍贵的历史见证和文化遗产，不仅是民族审美的经典之作，也是现代包袋推陈出新的重要设计依据。要使设计作品具有浓郁的民族传统风格和文化底蕴，首先要了解传统艺术的造型特点和规律，才能在设计中熟练应用。一方面要在一定程度上保持传统的原貌，将其中的一些特色元素导入现代包袋的设计中，如有代表性的传统图案纹样、单纯鲜艳的用色方法、朴素自然的材质、独到的工艺技术以及有特色的结构处理方式等；另一方面要在此基础上进行归纳、简化或者延伸、丰富，使之更具现代感。这类风格的包袋在设计中需要十分注意民族经典与现代审美的结合，强调用现代方式去处理设计内容，这样才能超越旧有形式，为其注入新的生命力（图4-54至图4-56）。

图4-57这款软结构手提袋运用了较多的民族元素，其刺绣图案取材于侗族服饰上的太阳纹，并结合了传统手工的盘花扣以及滚边工艺，包体采用民族服饰中的亮布面料。包的结构简洁大方，色调稳重含蓄，适合与民族风格的服装搭配。图4-58这款双肩背包的设计借鉴了新疆维吾尔族的服饰纹样，将传统图案与现代流行的包体相结合，创造出新的时尚风格。

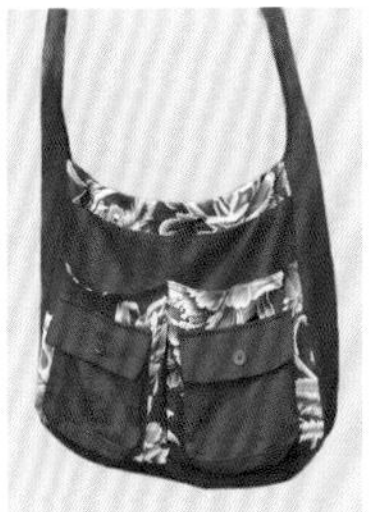

图4-54

图4-55

图4-56

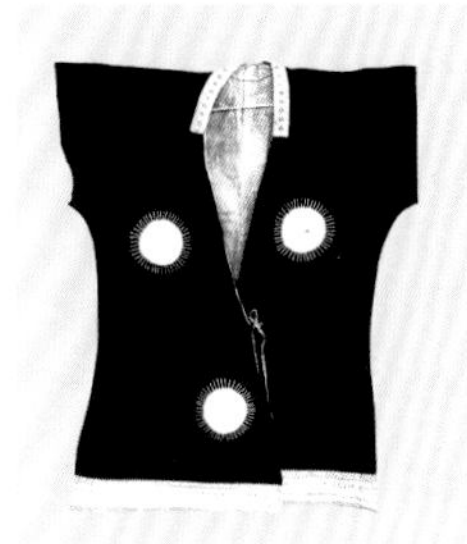
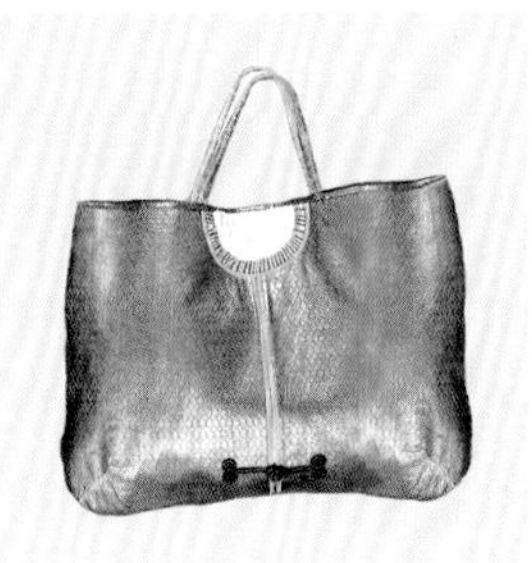
图4-57

图4-58

4.包的装饰设计

装饰是重要的设计元素，装饰与包袋有机地结合在一起，会进一步地丰富包袋的造型语言，增添设计的情感因素，使之变得生动、富有艺术的感染力。包的装饰手段非常丰富，概括起来主要有以下一些方法。

①表面装饰。在面料的表面作各种技术处理，以达到特殊的装饰效果。诸如各种折叠处理、加皱处理、做旧、烫压、染后加皱再染、印纹加皱再印纹等，均为常见的方法（图4-59、图4-60）。

②立体花、缎带装饰。立体花是用纺织面料仿制真花造型制作，其材料可以与包的材料一致，也可以不一致；立体花、缎带花边等，常用来装饰化妆包、宴会包（图4-61、图4-62）。

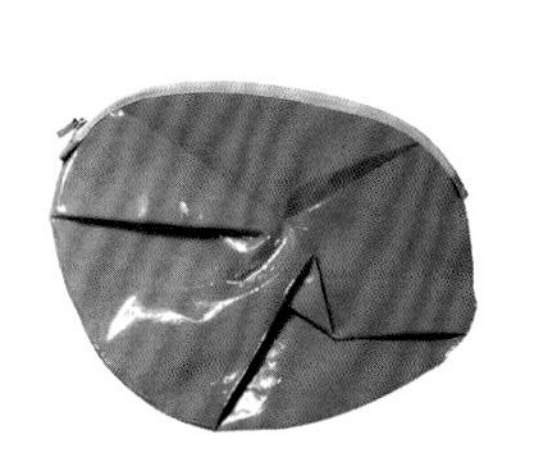
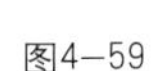
图4-59

图4-60

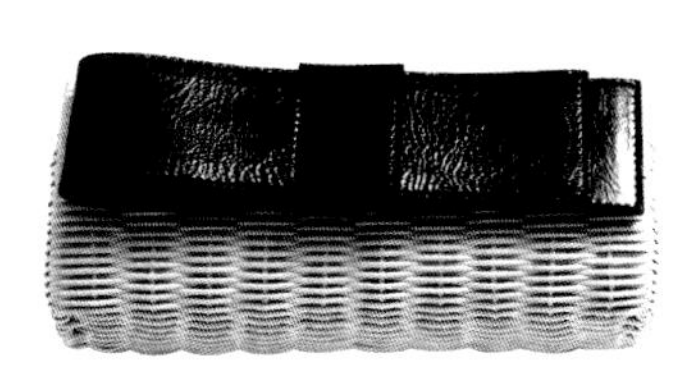
图4-61

图4-62

③拼合装饰。将相同或不同的材料以各种形状拼合在一起，使材料之间形成拼、缝、叠、透、罩等关系，创造出层次的对比、质感的对比以及缝线凹凸的肌理效果，它们可以是相同或不同的色彩、图案、肌理的拼接，形成一种独特的装饰效果（图4-63、图4-64）。

④缝缀装饰。在包袋表面或图案上用珠子、珠片、金属钉、金属片、羽毛、贝壳、兽骨等进行缝缀，也是一种常用的装饰手段，往往可以起到画龙点睛的作用（图4-65、图4-66）。

图4-63

图4-64

图4-65

图4-66

⑤补花、贴花装饰。补花是通过缝缀来固定，贴花则是以特殊的胶粘剂进行粘贴固定。补花、贴花适合于表现面积稍大，形象较为整体、简洁的图案，在其边缘还可作切割或拉毛等处理。另外，补花还可在针脚的变换、线的颜色和粗细上做文章，以增加其装饰感（图4-67、图4-68）。

⑥编结、盘绕。纤维在编结、织造过程中所形成的结构肌理或组织纹路是包袋图案设计的重要因素，如编织物中常有的齿形纹、菱形纹、人字纹、米字纹、田字纹、八角花等就是通过编织而形成的按规律布局的几何图案。如用绳带等材料进行编结盘绕的各类花形，具有类似浮雕的效果（图4-69、图4-70）。

图4-67

图4-68

图4-69

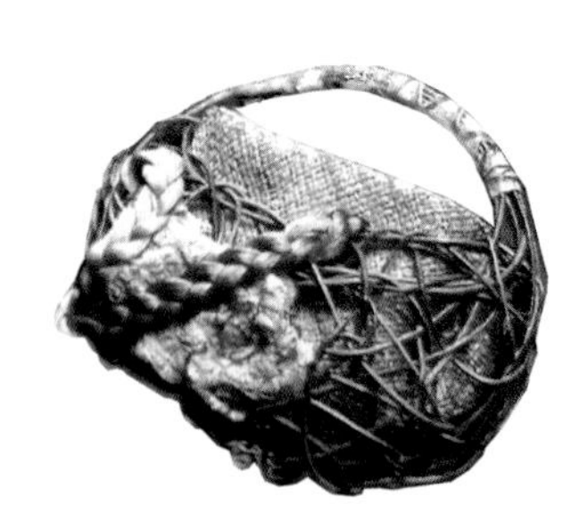

图4-70

⑦刺绣。刺绣是民间应用最为广泛的工艺品种。它不仅应用范围广、品种多，针法表现也相当丰富（图4-71、图4-72）。

⑧缀挂式装饰。缀挂式装饰是将装饰件的一部分固定在包面上，另一部分呈悬离状态，如常见的缀穗、流苏、珠串、金属环等挂饰。这类装饰的动感、空间感很强，它随着人的运动而呈现出飘逸、灵动的魅力（图4-73、图4-74）。

图4—71

图4—72

图4—73

图4—74

三、包的材料应用

包的制作材料一般分为面料和辅料，其中面料是主体材料，直接影响包袋外观。

包袋的面料以天然皮革、人造皮革以及纺织物为主，另外各类竹、藤、塑料、绳线也被广泛使用。表4-2是各种面料及其使用特点。

表4-2

类　型	特　征	用　途
天然皮革（如猪革、牛革、羊革、鱼皮革、蛇皮等）	坚牢、柔韧、透气、耐磨、挺括	公文包、时装包、休闲包等较高端包
天然裘皮（水貂皮、狐狸皮等）	结实、柔软、垂性好，大都还具有自然天成的色泽和斑纹	时装包、晚装包、休闲包等较高端包
人造皮革	具有天然皮毛的外观，而且价格低廉易于保管	公文包、时装包、休闲包、书包等中、低端包
天然纤维织物（棉、毛、丝、麻等）	花色、图案变化丰富，质地柔软，不易成形，加工方便	休闲包、时装包、书包等
化学纤维织物	具有较好的防水性和耐磨性，色牢度高、价格较低	旅行包、运动包、学生用包等
其他（草编、金属、竹木、塑料等）	具有民族气息和地方特色	休闲包、时装包、旅游产品

辅料包括里料、衬料、中间填充料、开关材料、胶粘剂以及金属材料等。

里料是为了使包内部光滑而使用的，一般选择既轻薄又光滑的面料；在面料的内部加入衬料，既能增强面料的强度，又能使面料保持一定的形状。它主要包括纸板、无纺布、软木材、皮革等材料；中间填充料是为了制造表面柔软效果及风格而使用的，通常包括海绵、法兰绒、发泡橡胶等。

第三节　包的制作工艺

一、制作包常用的工具与设备

包的制作工具主要包括打板、裁剪、制作三个方面的工具。

包的制作手段，除特殊部分用手缝、粘合外，其余全是机器。缝制所使用的机器主要有工业用平缝机与筒式综合送料缝纫机（图4-75）。其中，工业用平缝机多在缝制平的部位以及制作里布时使用。筒式综合送料缝纫机有圆筒状的机体，主要是缝合包口或包身曲折部分，以及不能平缝的部分。另外，用皮革制作包的时候，皮革的边沿打薄需要用削革机（图4-76）。硬结构的包也会使用一些特殊的定型工具。

打板、裁剪时所用的工具有皮革刀、两脚规（图4-77）、尺、笔。其中笔、尺用来画板样，两脚规用来固定缝头量的宽窄，皮革刀用于裁断皮革。因为皮革较厚，用一般的裁剪刀不适合。在缝制过程中使用的小工具有竹刀、锥子、锤子、戳刀、打孔器、镶刀、钳子等。另外，在制作过程中常用各种粘合剂，如浆糊、双面粘合牵条、透明胶、粘合剂等。

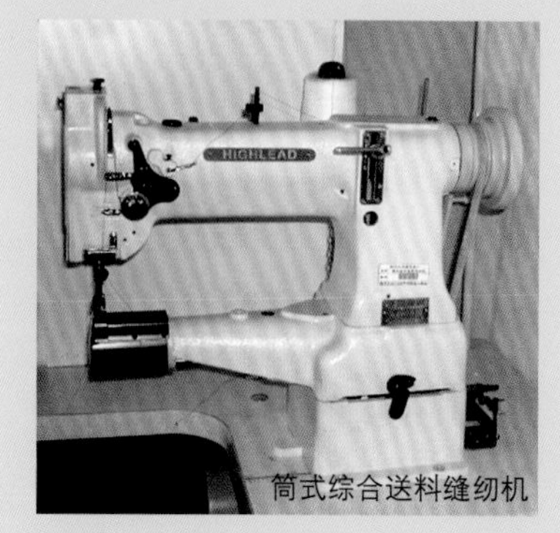

图4-75

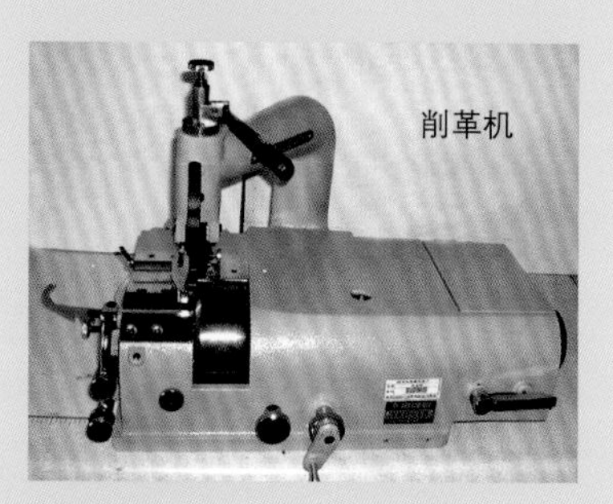

图4-76

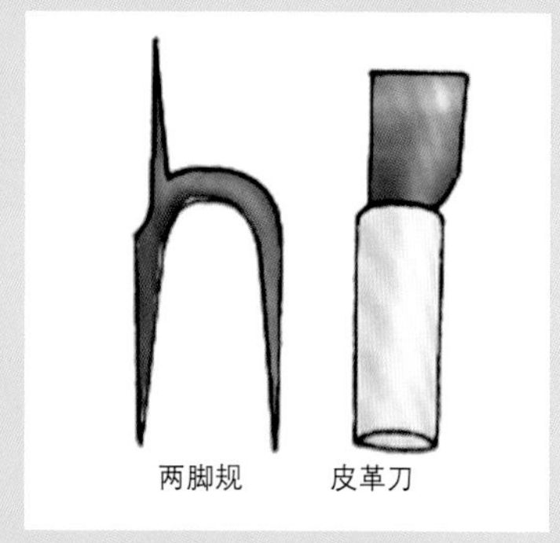

图4-77

二、皮革包的基本制作工序

1.面料打板及其他准备

首先分别准备面料（前面、后面、包墙、底、盖、手提带、贴边、滚边用料等）和里布（前面、后面、包墙、底、盖、口袋等）的板样。

然后准备衬、垫料（包盖衬、包口衬、手提带衬以及包前、后面的垫料等）的板样。

对皮革的裁剪一般使用皮革刀，但现在大部分都是使用机器裁剪。

削革是缝纫前的重要工程。依据包的种类选择厚度最适合的皮革，一般在1.2～1.5 mm，但是整体并非使用均匀一致的厚度。如为了使倒缝平顺以及产生均匀细腻的褶皱，就要对皮革进行打薄处理。

2.基本缝制步骤

①包盖制作。首先，在表、里包盖的里面周边（约2 cm的宽度）以及衬上刮浆糊，并把衬粘合在表包盖的里面。然后，把表面包盖周围的边往内折好，在圆弧部分用手指赶褶的同时，应注意保持曲线的圆滑漂亮。这时，缝头曲线部分重叠，用剪刀将其剪掉。里包盖也用同样的方法把边折好（图4-78a、b）。

②手提带制作。将手提带上、下两层的里面粘衬，上面层再粘垫材。然后分别在四周折边，方法同上。最后，将提带上、下两层的里面相对并粘合，机缝一周（图4-78c、d）。

③在表面包盖上用金属钉子安装手提带。为增加牢固度，通常在表面包盖的里面加入金属条（图4-78e）。然后，把表、里包盖的里面相对重叠，保持圆弧的状态用双面胶带粘合，在周边缉线。这样包盖就制作完成了（图4-78f）。

④在包身前、后面的包口处粘衬（图4-78g），并在后面制作拉链开口的袋。

⑤在包身后面上包盖。首先用双面胶把包盖粘在要上的位置，然后机缝两道固定（图4-78h）。

⑥将包身的前面、后面、底与包墙缝合成袋状。首先缝合包底，劈开缝头，然后把包的前面与包墙对好（面对面），一边注意包墙的转角，一边按对位口用平缝机缝合。同时，用同样的要领缝合后面与包墙（图4-78i）。

⑦先在里布的后面做上拉链的内袋，包墙和前面、后面分别与护口皮缝合，然后将里布也同表材一样缝合成袋状，口处折边（图4-78j）。

⑧在表袋的前面安装扣锁。然后，口处折边，并把里袋装入做好的表袋中，口处用双面胶粘好之后缝合。最后，安装包盖上的扣锁。这个手提包就全部完成了（图4-78k、l）。

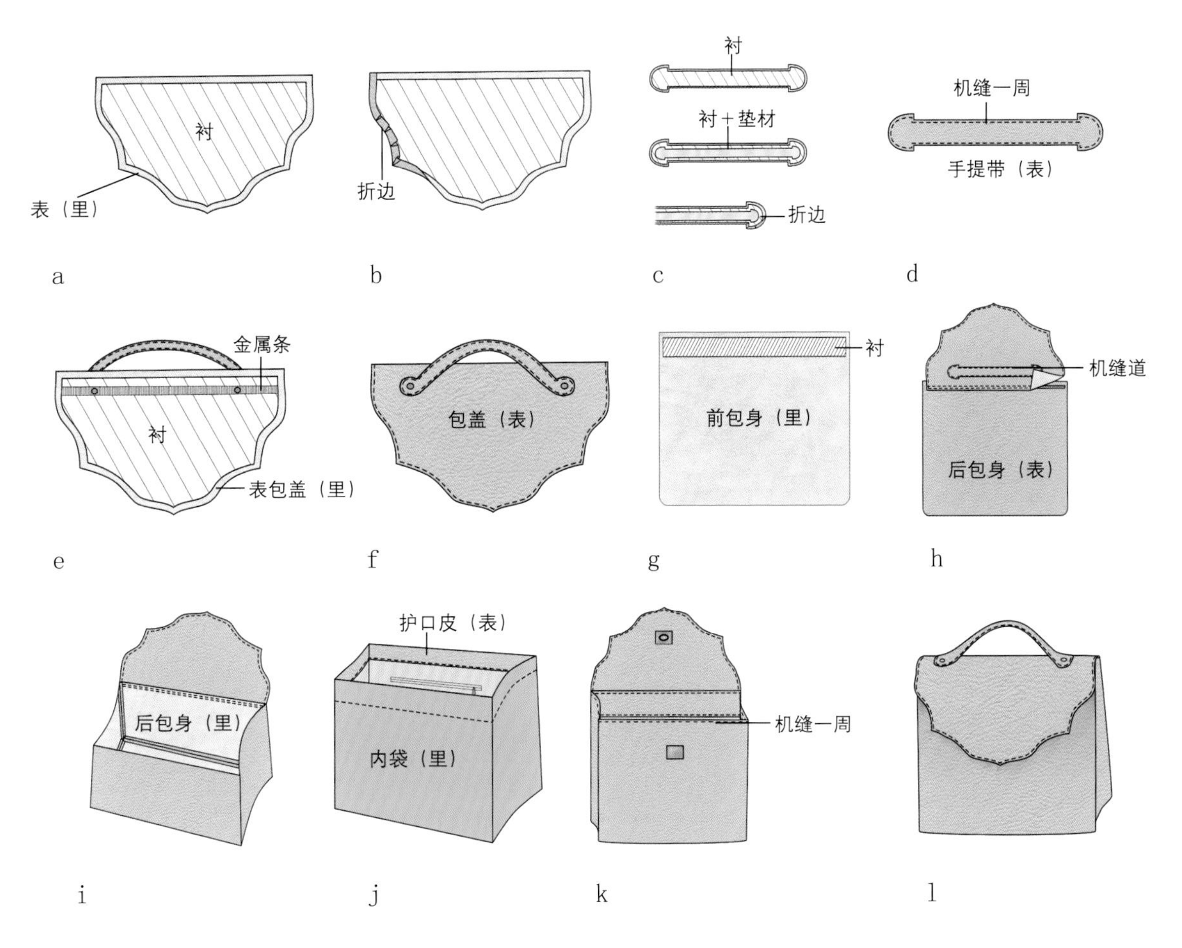

图4-78

三、布包制作实例

1.菠萝包（图4-79）

材料：黄色表布（40 cm×25 cm）、黄色里布（40 cm×25 cm）、绿色布（40 cm×20 cm）、人造棉（40 cm×25 cm）、绳带（0.6 cm粗、1 m长）、黑色小珠21颗。

制作方法：

①按图裁剪包袋的表布、里布以及人造棉垫料，然后裁剪包底、叶片用料（图4-80）。

②将包袋表布与人造棉垫料重叠放置，并按一定的间距绗缝（图4-81）。

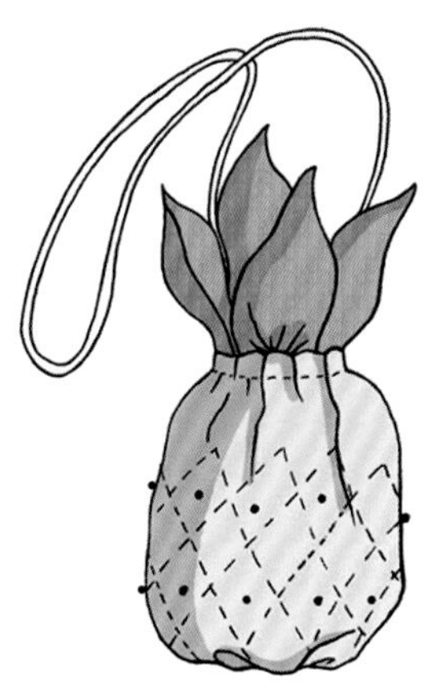

图4-79

③取两张叶片表面相对，缝纫叶片边缘，然后再把表面翻出，并整理熨烫。依次做好四枚叶片（图4–82）。

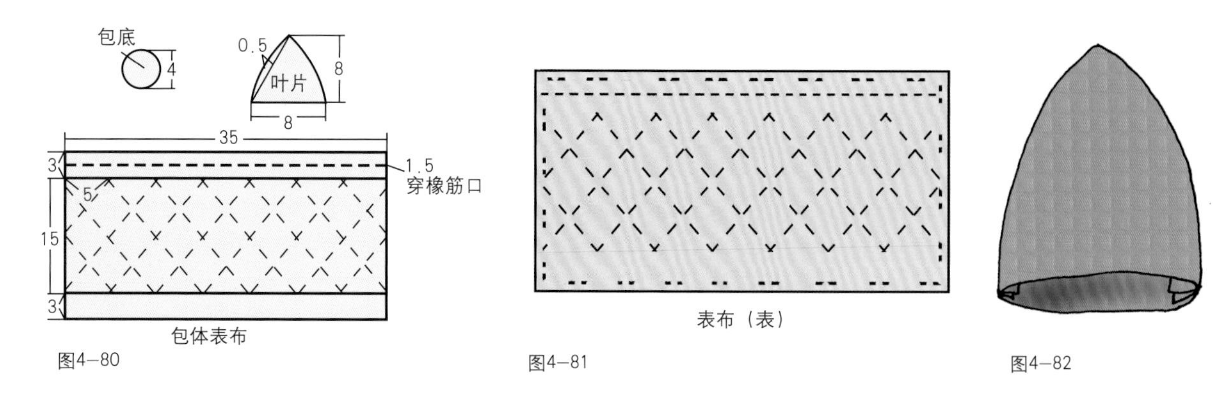

图4–80 图4–81 图4–82

④分别缝合包袋表布与里布的侧缝线，然后把四枚叶片夹缝于袋口。注意在里布的包口处留一小口，以方便抽绳。最后在包体的底边抽折，并与包底缝合（图4–83、图4–84）。

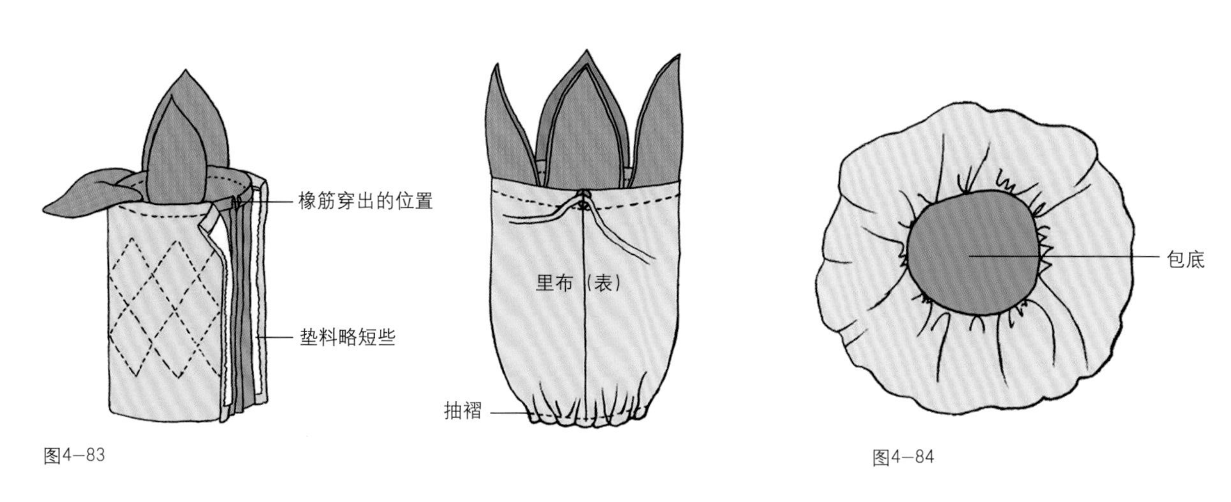

图4–83 图4–84

2.装饰花包（图4–85）

材料：深灰呢（30 cm×100 cm），格纹布（30 cm×100 cm），粘合衬、手提带芯料、各色装饰用毛毡少许。

包袋的制作：

①按图裁剪包袋的表布、里布、小贴袋（图4–86）。

②预留一个小口，缝合小贴袋的三条边。将小贴袋表面从小口处翻出（图4–87）。

图4–85

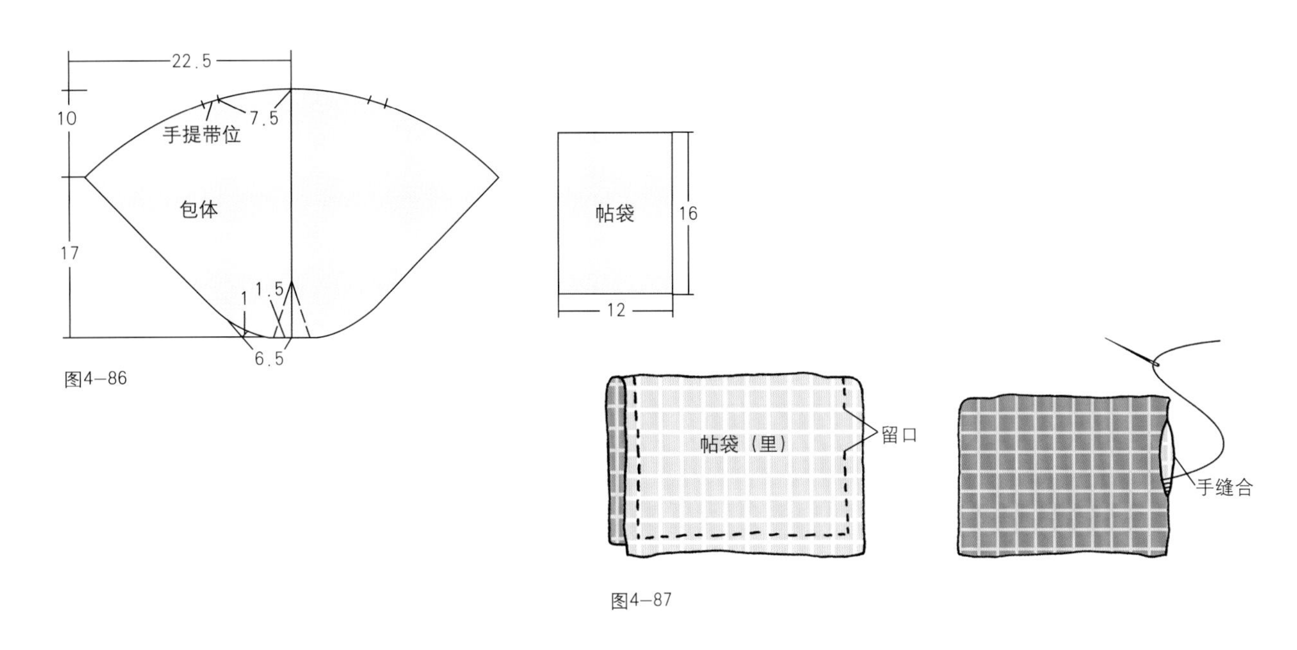

图4-86

图4-87

③将小贴袋缝纫于内袋上，并在包袋底部收省，然后分别缝合包袋表布与里布的侧缝线（图4-88）。

④按图裁剪手提带。将垫料放入手提带内，缝纫边线（图4-89）。

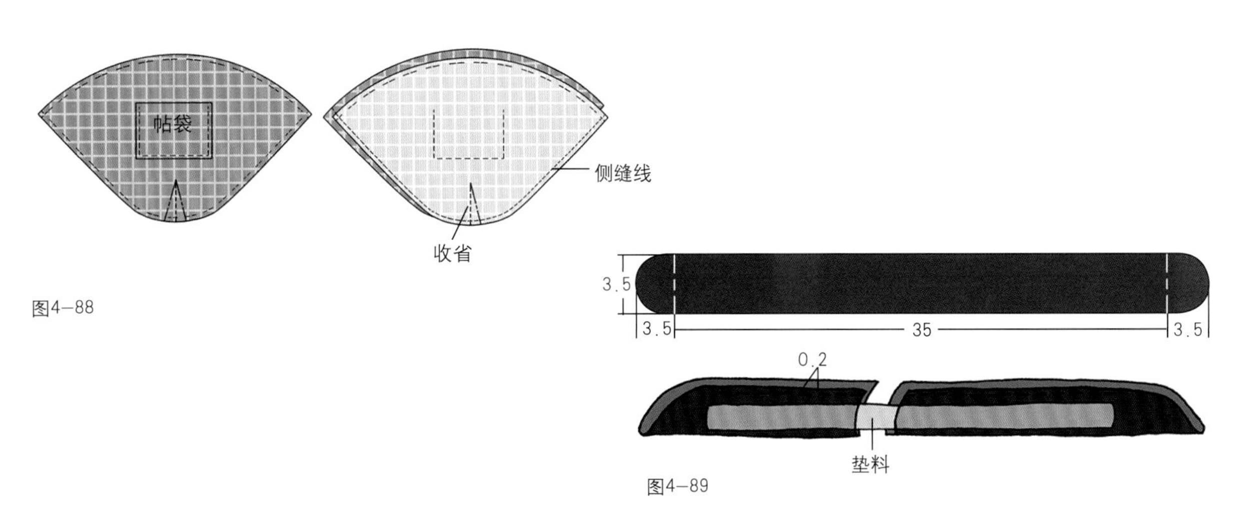

图4-88

图4-89

⑤先将手提带与包缝合，然后将里袋口折边，放入表袋内，在包口处缝合（图4-90）。

包的装饰：

①参考效果图的色彩配置方案，按图裁剪大花、小花、花芯以及叶片（图4-91）。

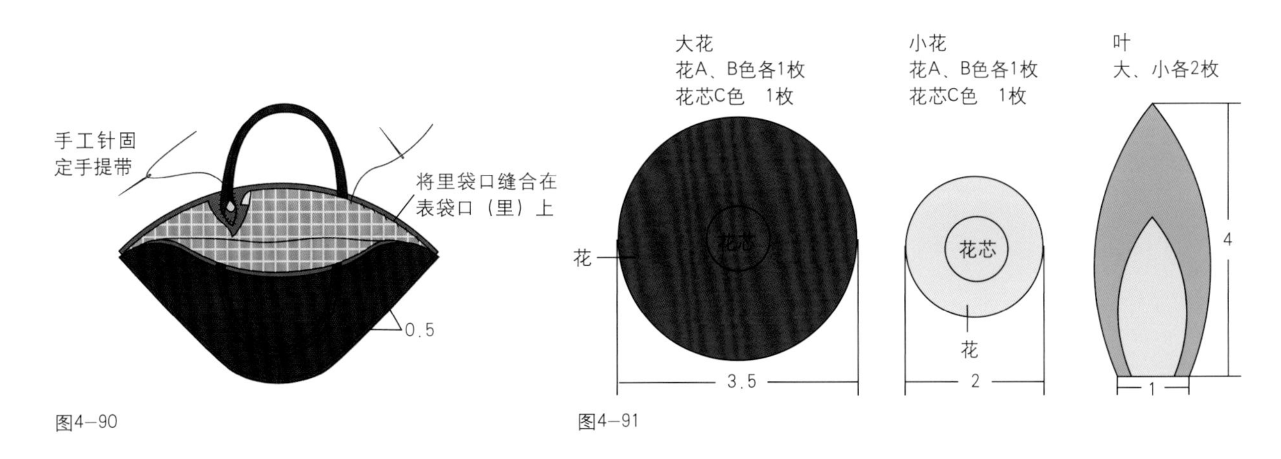

图4-90

图4-91

②将相同尺寸的A色与B色花片重叠放置，用手工针从上往下穿过圆心，然后从左侧绕出，再次穿过圆心。用相同方法将线从右侧绕出，从上往下穿过圆心（图4-92）。

③重复步骤②，完成花瓣上下的造型，同时钉缝花芯（图4-93）。

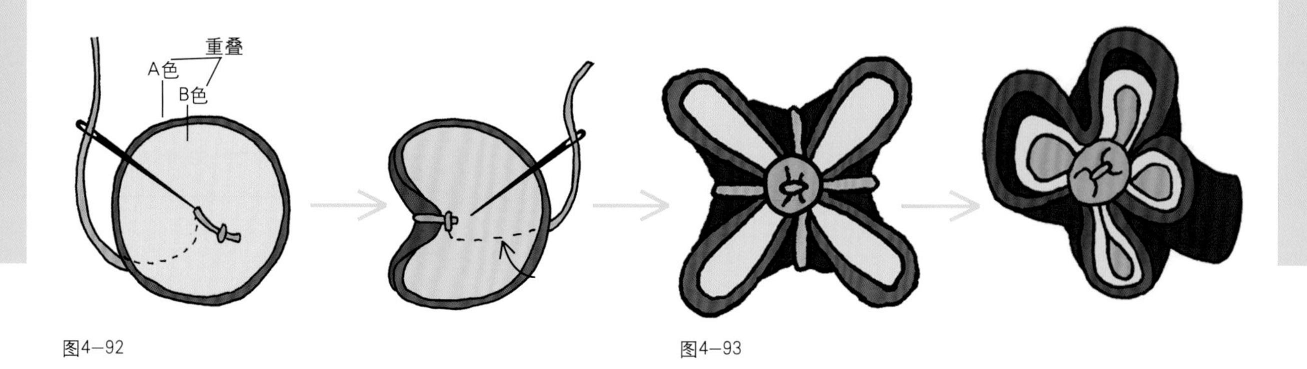

图4-92

图4-93

④重叠放置大、小叶片，把尾部对折固定。用线将叶与花串连在一起（图4-94）。

⑤将装饰花串钉缝在包袋上（图4-95）。

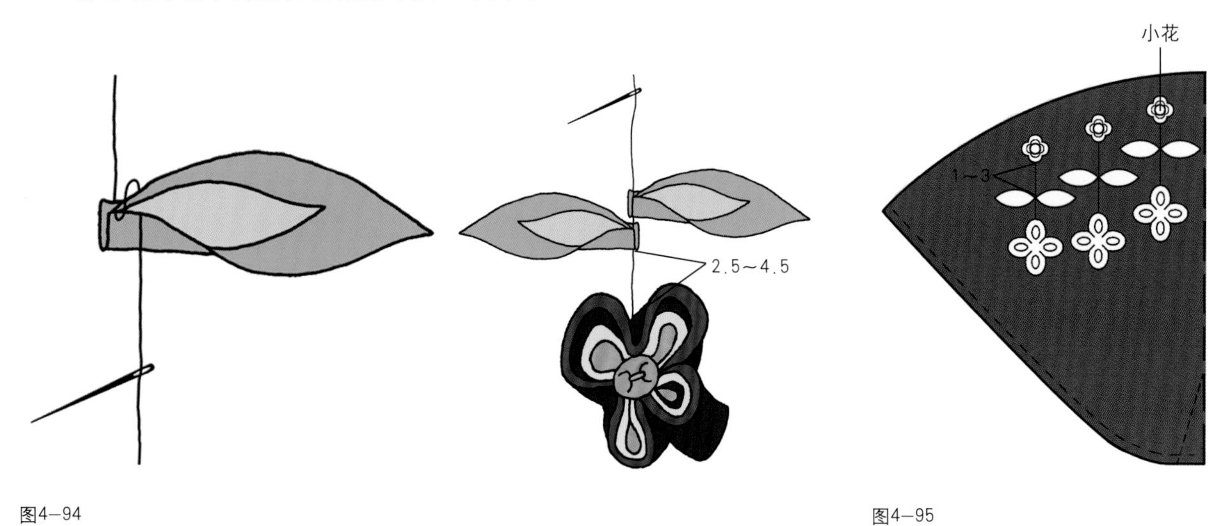

图4-94

图4-95

小结

各种不同种类、不同用途的包袋设计特征和要素是不同的。包的设计越来越注重新材料的性能和特色肌理，以此来体现包的时代风格。设计师应着力研究人们对材料的功能需求和审美需求，从材料自身特征中求得造型艺术的最佳效果。通过本章学习，了解包的制作工艺，利用不同的裁剪与装饰方法，能将包的设计意图充分表现出来。

第五章　腰带的设计

腰带是一种束于腰间、起固定作用和装饰作用的服饰品。自古以来，腰带的功能性就一直占据着重要地位。随着服装潮流的不断发展，腰带的装饰作用日益突出。腰带渐渐被加入了各种各样的流行元素，成为一种时尚符号。现在人们通常把以实用为主、较少装饰、用皮革或纺织面料做的腰带称为“皮带”、“腰带”，把以装饰为主、配有各种装饰物或用链条做的腰带称为“腰饰”、“腰链”。

第一节 腰带的分类

一、腰带的种类

腰带的样式多种多样，通常有以下几种分类方法（表5-1）：

表5-1

使用功能	腰带、胸带、臀带、吊带等
使用材料	皮腰带、帆布腰带、麻编腰带、塑料腰带、金属腰带、珍珠腰带等
造型特征	特宽、宽、中、窄、特窄腰带，以及条状、绳状、网状、链状等形式的腰带
制作工艺	编织腰带、绣花腰带、镶嵌腰带、链条腰带等

二、常用腰带简介

1.宽型腰带

宽型腰带为时下流行的女式腰带，造型较宽，装饰性强。宽型腰带多采用丝质面料或其他有光泽的面料制作，穿着时形成平行皱褶，呈现一种皱褶与光泽相结合的效果（图5-1至图5-3）。

2.窄型腰带

窄型腰带的宽度一般在2～3 cm。由于腰面较窄，因此表面装饰较少，变化多在带扣上。窄型腰带可以随意绕结而产生特殊效果。窄型腰带主要以金属、皮革或塑胶材质为主，系在腰间突显女性阴柔之美（图5-4、图5-5）

图5-1

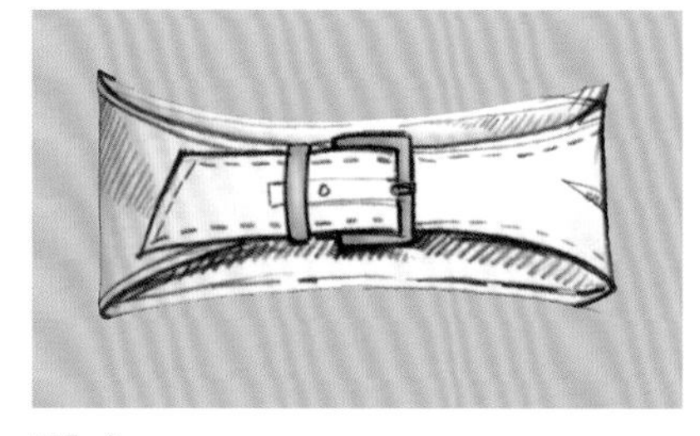

图5-2

图5-3

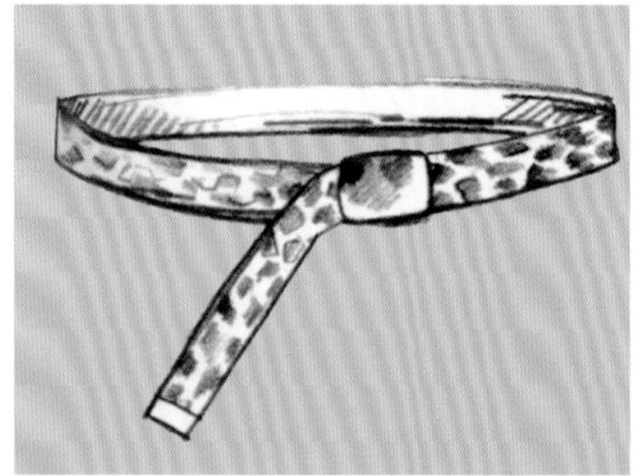

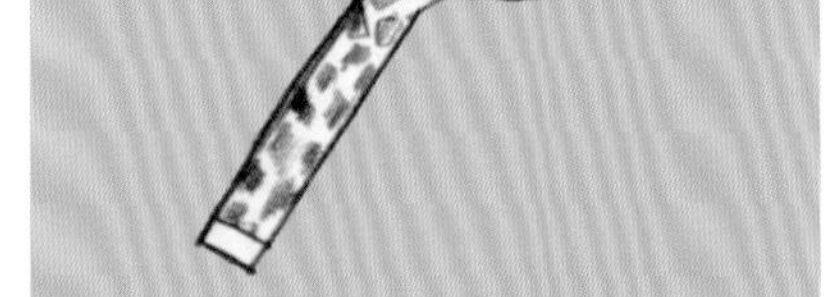

图5-4

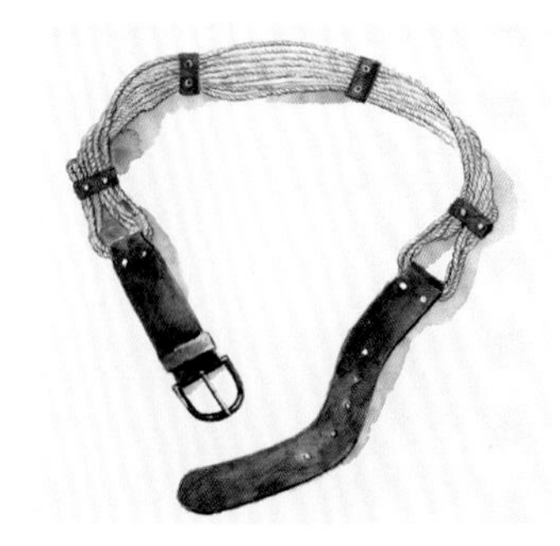

图5-5

3.编织腰带

用皮革条、绳、布带等材料编织的腰带称为编织腰带。编织腰带可采用本色或用拼色搭配，其编织工艺精巧，图案丰富，具有工艺品的效果。编织腰带表面一般不附加装饰物，因为编织品本来就带纹理效果，如处理不好其装饰效果容易显得混乱。为追求新意与变化，设计师把重心多放在编织方法以及色彩的处理上（图5-6、图5-7）。

4.双层腰带

双层腰带指以两条或两条以上的腰带并排装饰的形式。双层腰带比一般腰带多一个层次，所以视觉效果更丰富一些。图5-8这类腰带可以由两条窄腰带组成，常搭配休闲类服装。图5-9由三条较宽腰带构成，通常用于晚装。

5.链条型腰带

链条型腰带主要是由各种金属链条组合而成，也可用仿金属材料制作。在设计中主要考虑链条的组合形式以及链条与其他饰物的搭配关系，如与水晶、人工宝石的搭配，透过闪烁的材质，为女性的腰部线条衬托柔媚风情。腰链由单层或多层链条组成，也有以链环宽度的不同来求得变化。在链状结构中还可垂悬流苏珠饰，它被广泛用于新潮时装及舞台表演装，装饰性很强（图5-10）。

图5-6

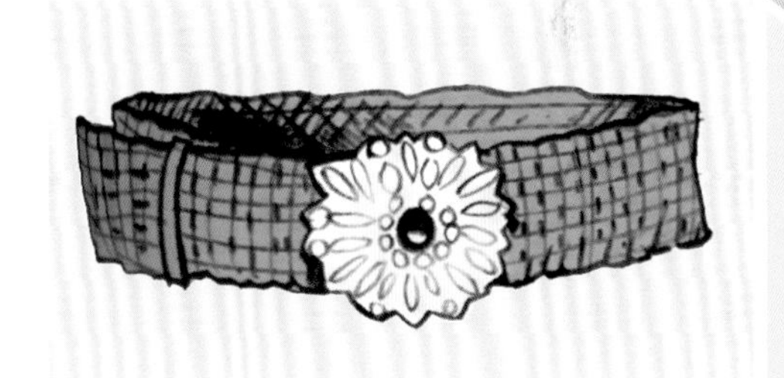

图5-7

图5-8

图5-9

图5-10

6.附加饰物腰带

这类腰带通过附加饰物来丰富装饰效果。饰物包括人造花、金属环、珠串、首饰等。附加饰物的腰带款式多变，有的为扣链状卡在腰带上，形成多层弧线，随着人的运动而晃动，富有动感活力；有的是带扣的形式，使用时固定在腰带上，上面常饰有仿宝石装饰等。其搭配点缀应恰到好处，避免产生烦琐的效果（图5-11至图5-13）。

7.胸带

当服装的腰线上升到胸部位置时，在该部位所系的装饰带子就叫胸带。如我国唐代高腰女裙中的腰带，以及现在的一些时装也流行在胸线处用带子装饰。胸带能将人的视线提高，让女性的身材显得更加修长，主要用于晚装与女性时装的搭配中（图5-14）。

图5-11

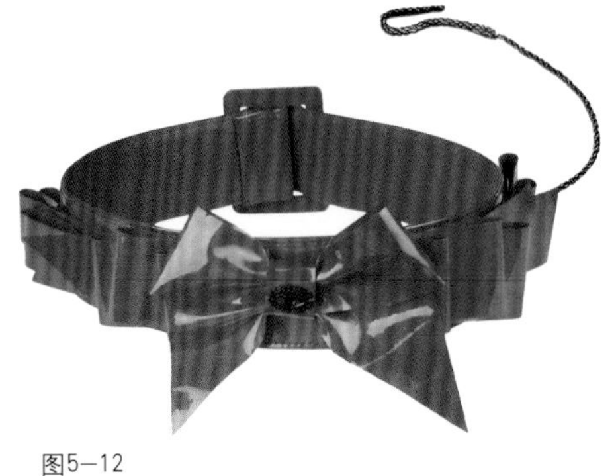

图5-12

图5-13

图5-14

8.牛仔腰带

牛仔腰带源于美国拓荒者携带手枪的腰带，原来附有的手枪皮套现已被省略，其造型比较宽，风格粗犷、潇洒。通常以皮质材料制作，皮带上可以有金属装饰、压印的花纹图案 (图5-15、图5-16)。

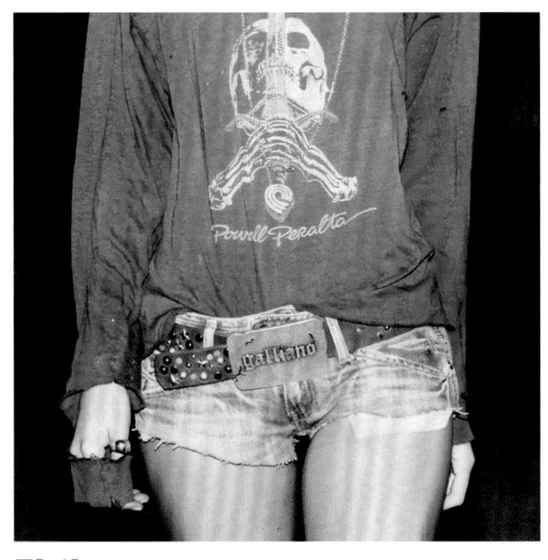

图5-15

图5-16

9.民族风格腰带

民族风格的设计极富表现力，具有朴实、自然的特征。世界上各民族服饰中都有非常优秀的腰带式样，它反映了各民族文化的典型特征，如波斯风格、西班牙风格、波西米亚风格、印度风格等。一般来说，色彩、图案和装饰是表现的重点。其配色一方面具有艳丽、夺目的色彩效果，展示花哨、有趣的异国风情，另一方面质朴、温和的色彩组合能展示亲切、思乡的田园情调，我们可以从中汲取灵感来启发我们的设计（图5-17至图5-20）。图5-21是黑色底料的花瓣弧形腰带，它用大量的珍珠和亮片拼成简单的图案，带有一抹浓浓的民族风情，让人目不暇接、欲罢不能。宽宽的腰带和柔软的印花泡泡裙相搭配，更是显得奢华而繁复，将巴洛克风格推向了极致。

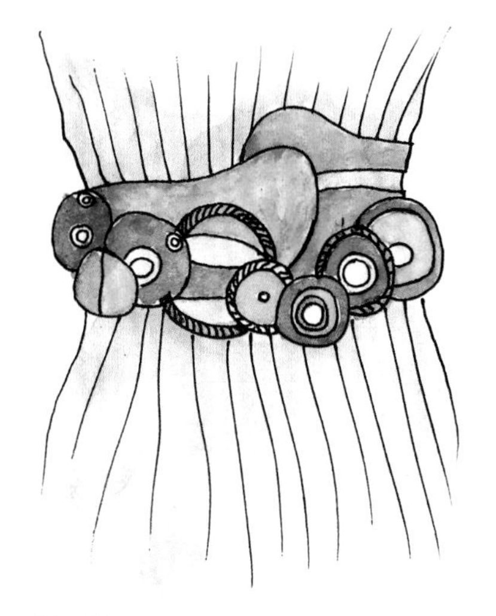
图5-17

图5-18

图5-19

图5-20

图5-21

第二节　腰带的设计

腰带作为点缀服装色彩、塑造形体美的重要服饰品，其设计应与服装融为一体，从服装的风格、外形、色彩、材料等方面统筹考虑，以达到理想的设计效果。

一、腰带的造型及装饰设计

1.腰带的造型设计

（1）腰带的宽度和长度

在现代服装设计中，女装设计越来越重视腰带的设计，特别是在两次世界大战后，女装的裙长缩短以及女式长裤的流行，腰带的重要性日益突出，并成为最常用的配件之一。多年来，腰带在设计师们的巧思下，衍生出各式长短、宽度、材质的腰带。

根据人体的结构和比例，腰带的外观采用细长型才能够符合人们审美上和视觉上的需要，其宽度应在20 cm之内考虑（图5-22）。

腰带长度可按照实际需要设计，以适合腰围为准，加放的尺度可长可短。缠绕式腰带的长度可绕腰数圈，还可以在系结后将腰带的两端自然垂挂，产生摇曳的效果。长与宽的比例还可以按照材料的性质而定，如一般皮革腰带可宽些、短些；金属链带可窄些、长些；而纺织材料的束带则可根据需要决定其宽窄长短。

（2）腰带主题部分的设计

说到腰带的设计，腰带扣可说是腰带的灵魂所在，在设计中要引导视线关注主体物，以突出装饰重点。腰带扣的造型、色彩、装饰形式、点缀物都可以加强设计，以达到最佳效果（图5-23至图5-25）。图5-26为手工打造的腰带，其自然流畅的皮带扣与未经修饰的牛皮带身完美结合，打造出原始古朴的风格。

图5-26

图5-22

图5-23

图5-24

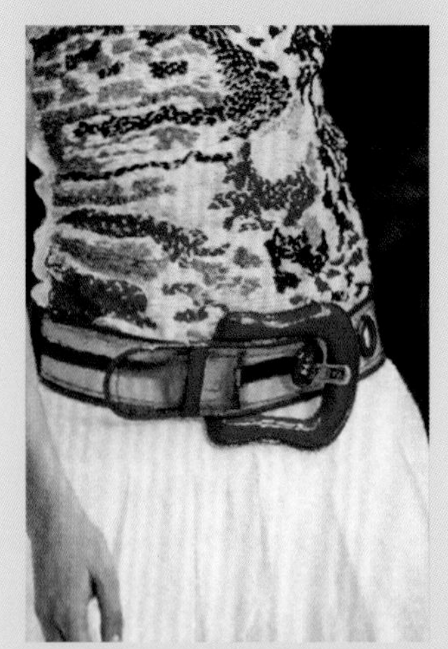

图5-25

2.腰带的装饰设计

在腰带的设计中，除了对腰带扣的关注外，腰带身的装饰处理也是一个重点。其装饰的方法繁多，有印花、褶皱、钉珠、镶嵌、镂空、毛边等，关键要把握好总体的风格特征，一切的装饰手段都要为设计主题服务（图5-27至图5-30）。图5-31选用深蓝色的发光缎与晶莹洁白的珍珠相搭配，营造出柔美优雅的风格。图5-32为手工制作的腰带，从材料、纹样、色彩到表现手段的选择都完美地体现了原始古朴的主题思想。

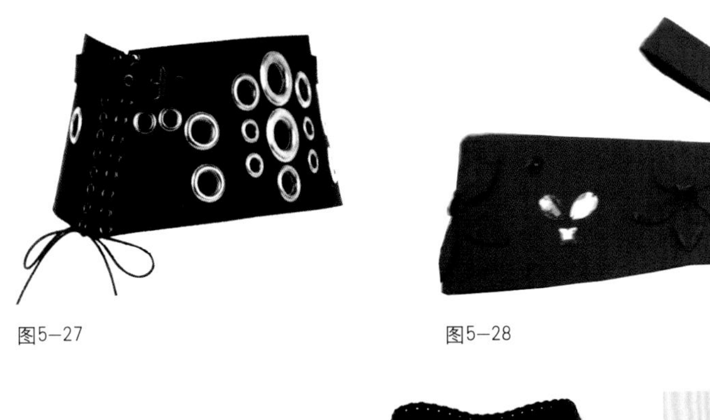

图5-27

图5-28

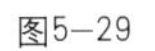

图5-29

图5-30

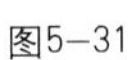

图5-31

图5-32

二、腰带的材料应用

腰带的主体材料主要有皮革、纺织品、塑胶、金属、绳线等。辅料主要有金属扣、夹、钩、饰纽、襻、打结、槽缝搭扣、鸽眼扣等。装饰材料主要有珠子、金属片、塑料片、垂挂饰物、首饰、花朵、绳结等。

腰带的选材是设计中不可忽视的重要因素，而材料的质感、手感、自然纹理、色彩等都是影响设计产品优劣的重要因素。各种质地的腰带由于加工工艺不同，可以呈现出多样的风格。如皮带上的压纹和肌理效果，使其更具魅力和特色（图5-33）。如果采用材料的混搭，让人在粗犷、豪放之中体会到精细的美，而那些高科技创造出的材质，如涂层、金属、塑料、聚酯等则能给腰带以不同的视觉效果。同一款式的腰带选择不同的材料制作，也可产生完全不同的外观效果（图5-34、图5-35）。

图5-33

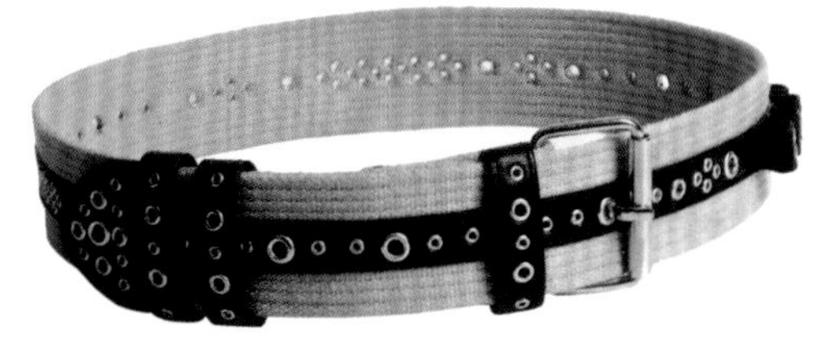

图5-34

图5-35

三、腰带制作实例

工艺是影响现代腰带设计的重要因素之一，不同的工艺决定着不同的表现效果。所以，对工艺技法的掌握和运用，可以帮助设计师更好地表达设计理念，使创意的表达更加准确、造型更加丰富。

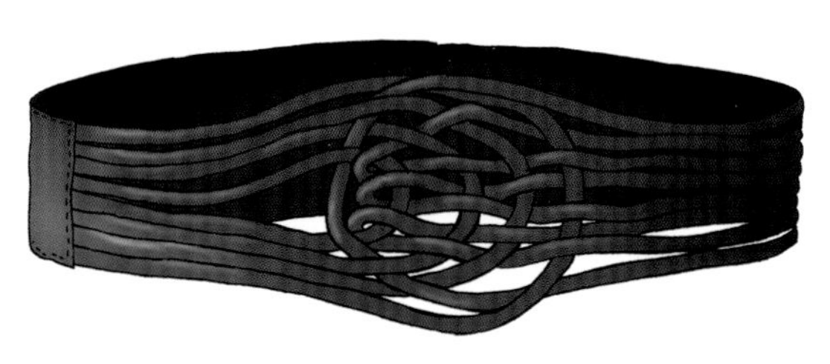

图5-36

1.装饰腰带（图5-36）

材料：黑色真皮或人造皮、粘合扣。

制作方法：

①把皮料裁剪成4 cm宽的条带8根，其长度可根据腰围而定。先将条带的缝头往内折，在边缘压线（图5-37）。

②制作腰带前部分。把制作好的条带左右两端各4根进行编织，然后根据腰带长度的一半将两端多余长度修剪（图5-38）。

③制作腰带后部分。先按图上的尺寸裁剪皮料，将上、下边线对齐并缉线缝合，缝头分开用胶粘贴（图5-39、图5-40）。

④组合腰带的前后部分。把前、后腰带的侧面分别缝合固定，并将正面翻出。在腰带的后面部分缉线一周，最后固定粘合扣（图5-41、5-42）。

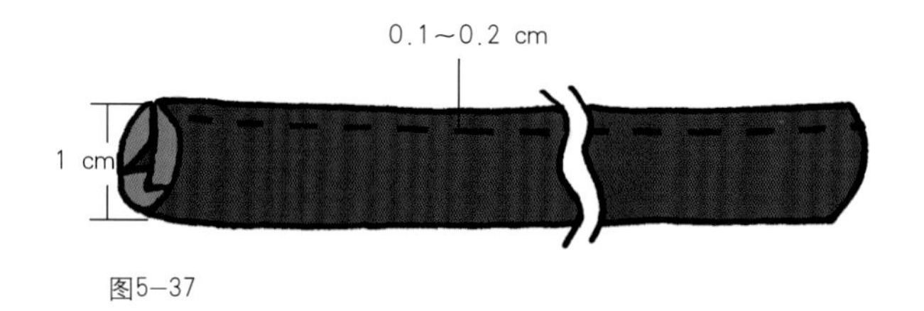

图5-37

图5-38

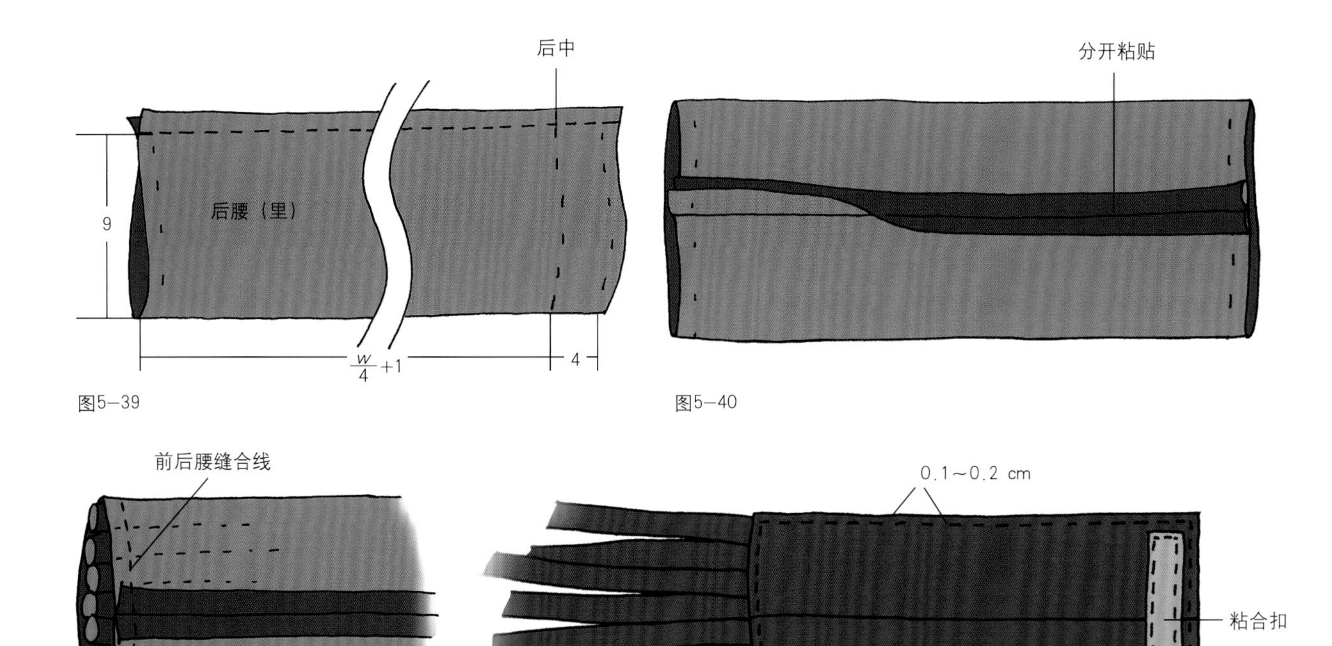

图5-39

图5-40

图5-41

图5-42

2.编织腰带（图5-43）

材料：各色线绳。

制作方法：

①8股编织法（图5-44）。

图5-43

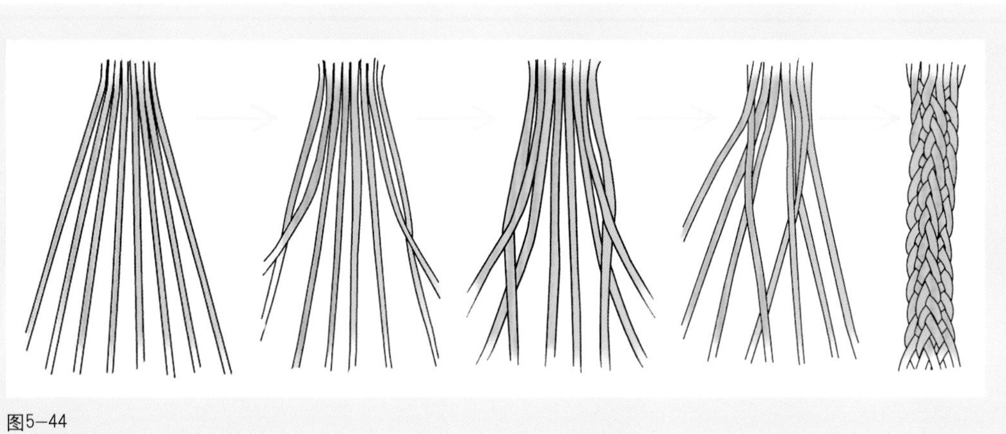

图5-44

②9股编织法（图5-45）。

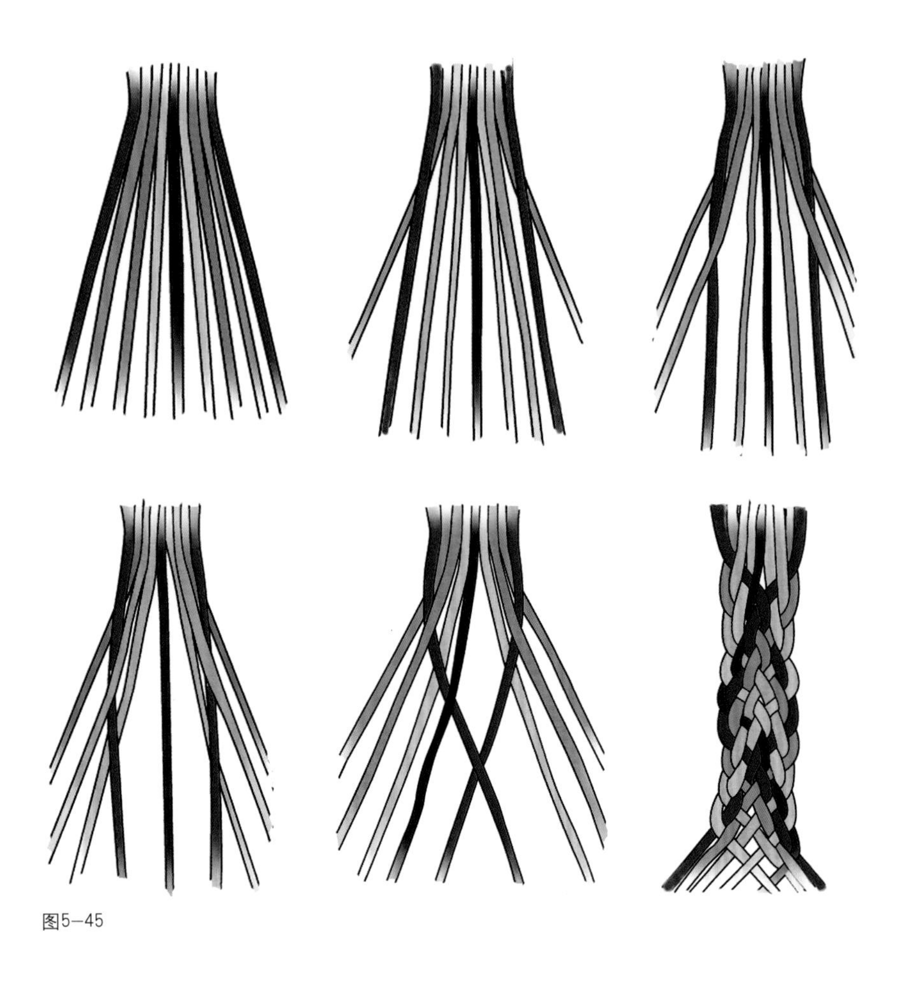

图5-45

小 结

随着服装潮流的不断发展，腰带已变成了时尚的某种符号，腰带扣以及腰带身已成为设计的重点。腰带的选材也是设计中不可忽视的重要因素，材料的质感、手感、自然纹理、色彩等都是设计变化的要素。总之，腰带的设计要达到风格的展示，与服饰风格和整体形象完美地结合，这才是设计师最终的目标。

第六章　鞋的设计

鞋子是服饰品中最具实用性质的物品之一。鞋子设计的基础知识涉及范围较广，既包括人体力学、化学等方面的知识，又包括设计艺术学、美学等专业知识，因此设计者应具备多方面的知识和素养。

第一节　鞋的分类

一、鞋的种类

鞋子的种类很多（表6-1）。

表6-1

穿着用途	正装鞋、时装鞋、休闲鞋、运动鞋、童鞋、晚礼鞋和前卫鞋等
鞋帮（底）材料	皮鞋、布鞋、塑料鞋、胶鞋；布底、皮底、胶底、橡塑底等
鞋帮式样	浅口、低帮、高帮、中筒、高筒
鞋子款式	缚带式、搭袢式、无袢式、圆头式、方头式、翘头式、靴鞋式等
使用功能	男女增高鞋、气垫鞋、医疗保健鞋等
穿着季节	单鞋、夹鞋、凉鞋和棉鞋等

二、常用鞋简介

1.正装鞋

正装鞋又可分为女式正装鞋和男式正装鞋。正装鞋色彩总体要求是端庄、沉稳、典雅，常用色彩为黑色和棕色（图6-1）。女式正装鞋的色彩变化比男式正装鞋要丰富些，色彩主要以黑色、棕色、灰色、米色为主，冷色和艳丽的色彩不适合用作正装鞋。随着流行时尚日益融入人们的生活，正装鞋的风格也有时装化的倾向，加入了晚礼鞋和时装鞋等多种设计风格（图6-2）。

图6-1

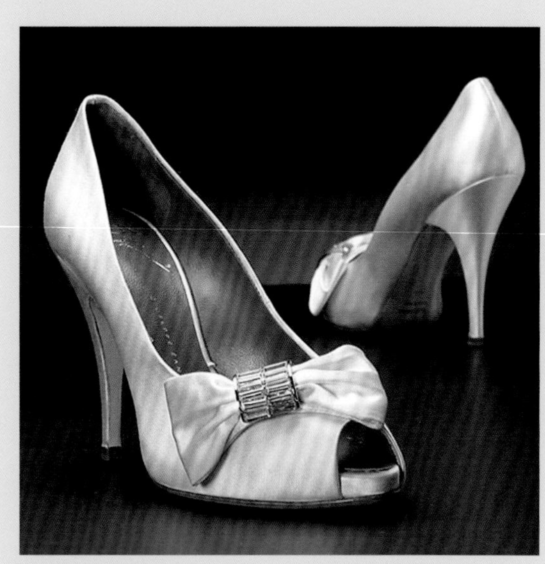

图6-2

2.时装鞋

时装鞋是随着时尚流行的变化而变化的，这种变化主要是通过新颖的帮面分割造型、材质肌理变化和精巧的个性化装饰工艺来实现。时装鞋色彩设计自由度最大，常用纯度高的颜色或对比色，但设计师仍需深入了解特定消费者的色彩偏好和当季流行色，在此基础上，寻求时装鞋的创新性和艺术性（图6-3至图6-5）。

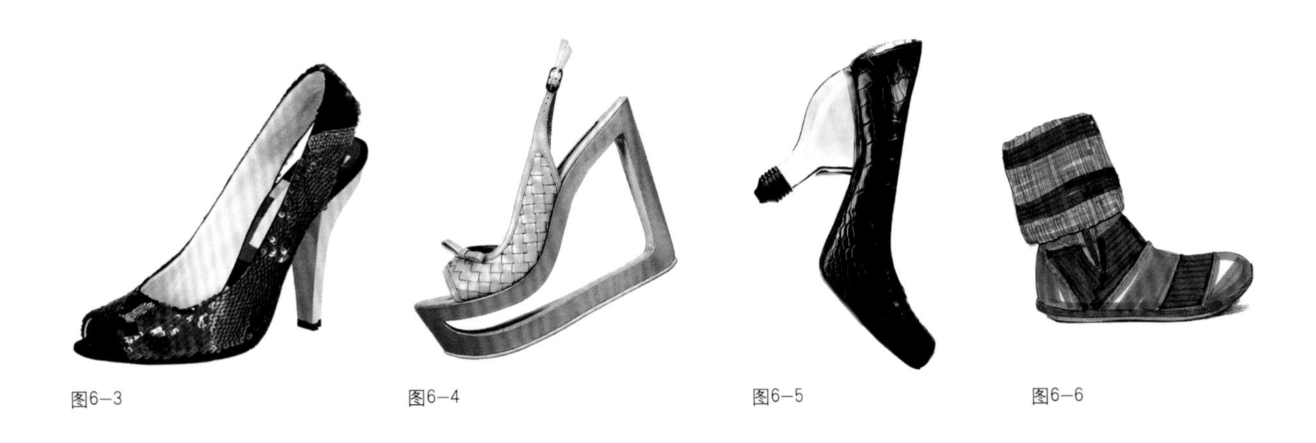

图6-3 图6-4 图6-5 图6-6

3.休闲鞋

休闲鞋因其舒适的穿着功能决定其造型风格为温馨、平和与轻松，材料通常使用软皮、帆布、麻编织物等柔软材质。休闲鞋最为经典的配色是古典色和自然色，如棕色、米色等都是休闲鞋常用色，但近年来，凸显自我、表现自我的意识日益成为现代人追求个性化的一个明显特征，色彩鲜艳及对比强烈的运动休闲鞋也开始流行（图6-6、图6-7）。

图6-7

4.运动鞋

随着旅游业的迅速兴起、全民健身运动的大力普及，以及服饰时尚意识在人们生活中的渗透，在原有胶鞋、球鞋基础上，更多款式的运动鞋应运而生。人们对色彩、样式和装饰性的材料和工艺越来越敏感，新型的运动鞋穿着时具有轻、软、美三大特点，适合运动休闲时穿用。运动鞋色彩设计大胆，既有鲜艳夺目的配色，也有儒雅沉稳的配色，适合各个阶层的消费者选用（图6-8至图6-10）。

图6-8

图6-9

图6-10

5.童鞋

童鞋是以上鞋子中唯一不从穿用功能上来区分的鞋，毫无疑问，童鞋应该承载和表现儿童的天性。童鞋既要注重舒适、安全、卫生、方便等功能性设计，又要注重对儿童的天真、稚气、活泼的气质风格的把握，童鞋中也包含了正装鞋、时装鞋、休闲鞋和运动鞋等不同的造型风格，设计者要有针对性地进行款式与色彩的设计（图6-11至图6-13）。

图6-11

图6-12

图6-13

图6-14

6.皮鞋

皮鞋是鞋子家族中历史最为悠久的鞋类之一，通常以猪皮、牛皮、羊皮、麂皮等真皮或仿真皮革做成。由于皮鞋工艺精致，款式丰富，其保暖性、透气性以及耐用性好，深受人们的喜爱。如尖头浅口式皮鞋，显得清秀细腻、年轻端庄；大圆高头加上粗犷的缝线，造型浑厚质朴；传统小圆头平实亲切，适应各种年龄和场合穿着。图6-14为时下流行的男式商务休闲皮鞋。

7.布鞋

布鞋也是较为悠久的鞋类之一，布鞋质地柔软、重量轻，穿着透气性好，舒适感强，深受广大消费者的喜爱。随着流行时尚的影响、科技的进步，鞋子的造型样式和艺术效果得到了丰富，不仅适于居家休闲穿着，同时也适合于上班、旅游和某些社交场合（图6-15至图6-18）。

图6-15

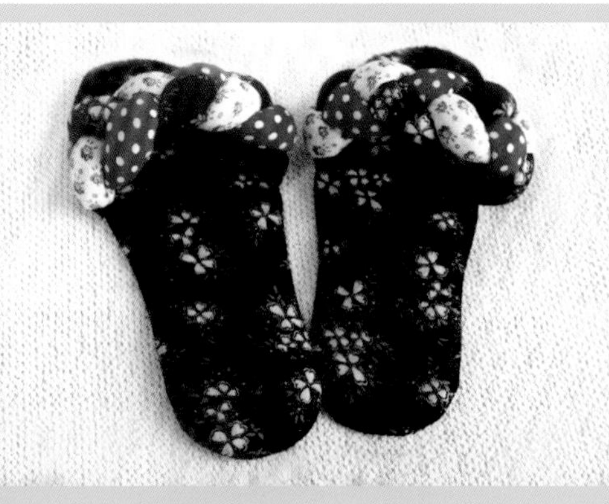

图6-16

图6-17

图6-18

8. 凉鞋

盛夏季节以穿凉鞋最为舒适。凉鞋不仅需要有美观的造型，更要有良好的透气性、简洁的构造和舒适的材质。凉鞋的款式繁多，成为广大女性在盛夏雨季和外出旅游时的首选（图6-19）。

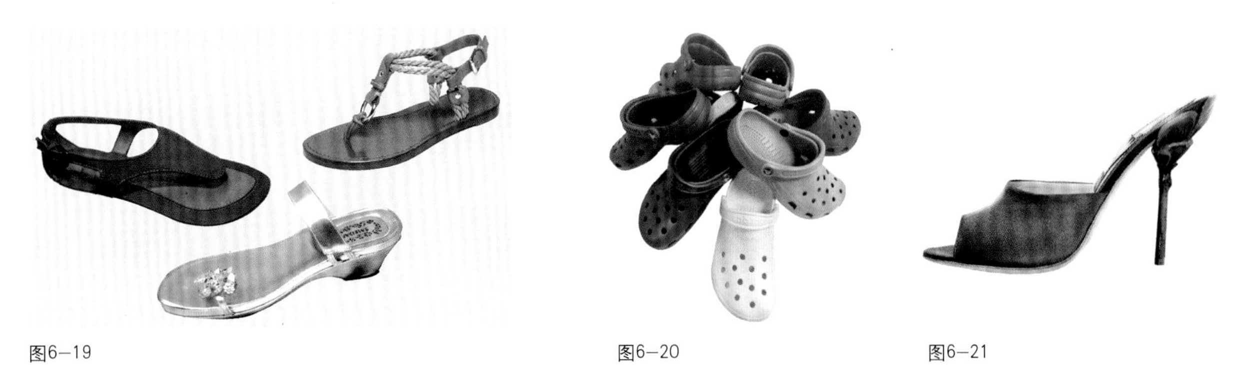

图6-19　图6-20　图6-21

9. 拖鞋

传统的拖鞋一般只限于室内和盛夏纳凉时穿着，其前帮面紧贴脚面及前脚掌两侧，后帮面省略只剩下鞋底和鞋跟。随着现代时尚观念及生活方式的改变，拖鞋的使用已全然突破了原有的空间观念（图6-20、图6-21）。

10. 概念鞋

概念鞋颠覆了常规的设计法则，强调个性，突出自我，其产品的设计具有强烈的艺术感与震撼力（图6-22至图6-24）。

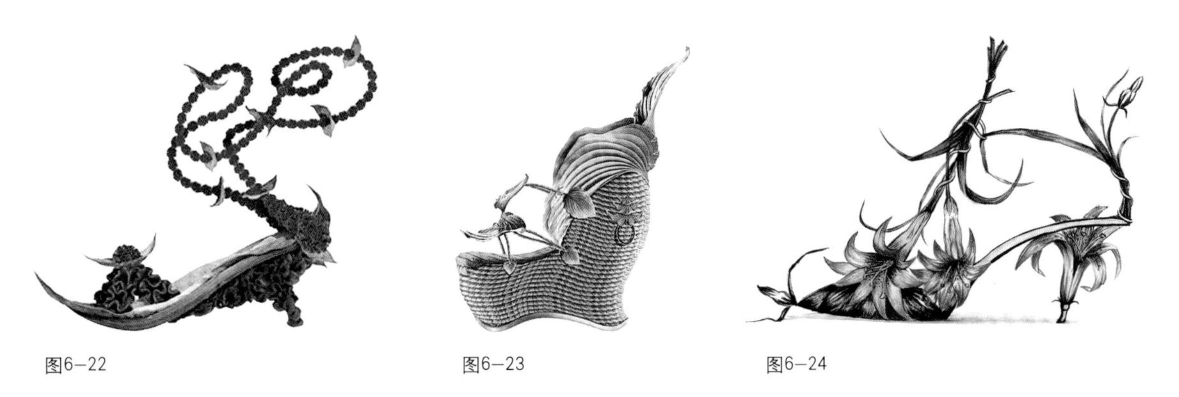

图6-22　图6-23　图6-24

第二节　鞋的设计

鞋的设计包括对鞋的造型、色彩、装饰、材料等设计。随着时代的发展，人们审美需求的增加与制鞋技术的提高，使得鞋子的功能也在变化，从原有的以实用功能为主转向以装饰功能为主，鞋子的设计也从追求单一的实用性发展到讲究个性的设计。

一、鞋的结构

鞋的制作过程较为复杂，设计者首先需了解鞋的各部位的结构名称（图6-25）。

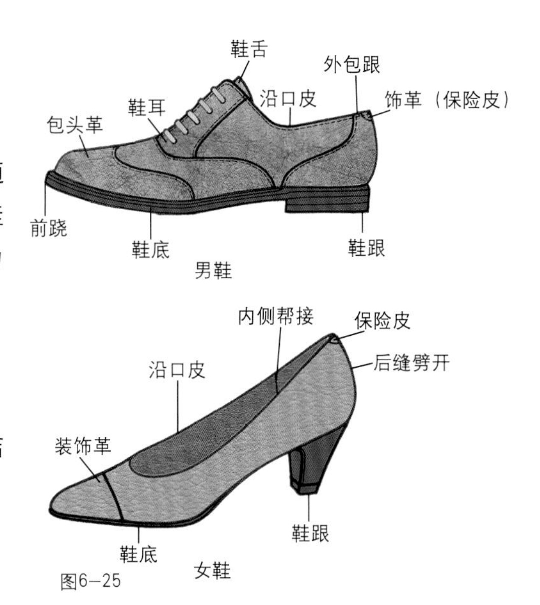

图6-25

二、鞋的造型、色彩及装饰设计

1.鞋的造型设计

鞋的造型多种多样，且风格各异，鞋的任何一个构成部分的改变，都会影响到整个鞋子的造型风格。具体到每一双鞋的设计，都包括鞋帮、鞋跟、鞋筒、装饰等方面的设计。不同的品种适合用不同的造型，鞋子的造型美是美感产生的基本形式。设计师对鞋子造型美的把握和理解并不难，学习者应着重于学习和获得鞋子形式美与时尚美的创新能力。

（1）造型设计要素

造型设计是将造型元素按照一定的规律进行组合，并塑造所需要的物体形象。下面我们从点、线、面这三个构成要素入手来了解鞋的造型设计。

①点。点是一切形态的基础，是具有空间位置的视觉单位，点没有方向性，大小也是相对的。点的形状多种多样，但通常以圆点最具代表性。从作用上看，点是力的中心，能产生心理上的扩张感。鞋子造型设计中的点是代表一个局部、一个装饰点，在设计中可以充分发挥其占据空间的灵活作用，起到突出和引导视线的效果，在运用中要注意点、线、面之间的关系。

点表现在鞋的造型设计上有花饰、蝴蝶结、装饰扣、金属配件等（图6-26至图6-28）。

图6—26　图6—27　图6—28

②线。线是由点的移动形成的，具有位置和长度特征。线有两种，即直线和曲线。直线给人以刚劲、牢固、坚硬的感觉；曲线则给人以柔和妩媚的感觉。线表现在鞋的设计上有分割线、明缉线、装饰线、轮廓线、褶皱线等。可通过线的曲直、粗细、长短、疏密、位置、排列方式等的不同来表达不同的设计理念，细细的线条具有一种纤柔的美感，经过不同手法编织组合的线条则变得层次丰富（图6-29、图6-30）。

图6-31为JIL SANDER鞋，这双鞋子有着非同一般的视觉冲击力，它结合了结构力学和美学的双重概念。这双鞋上的每一条结构线都承载了力学上的重量，而这些结构线又在视觉上达到了和谐、规整的比例效果。

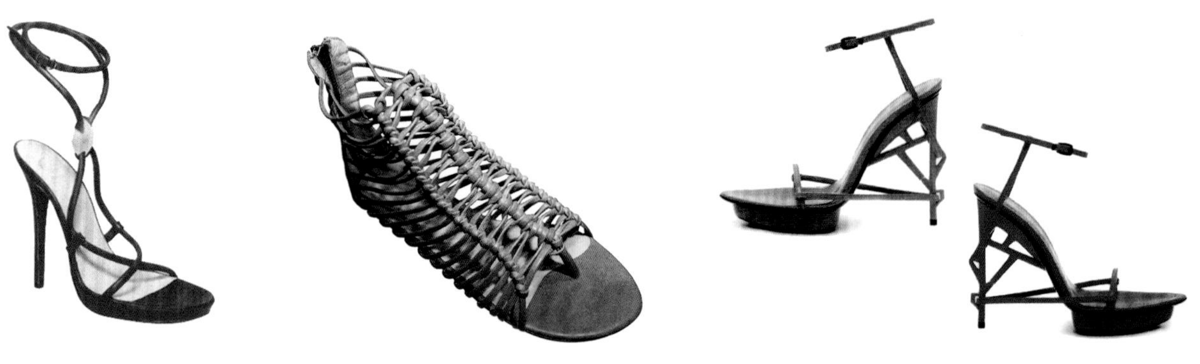

图6—29　图6—30　图6—31

③面。面是二维空间的概念，它是点、线的集合，它有大小、形状之分，在鞋的设计中起主导作用。面表现在鞋的设计上有帮面、鞋底等。设计者可以通过面与面的连接、分离、复叠等方法，形成鞋的款式的变化（图6-32、图6-33）。

图6-34与图6-35系Chanel 08秋冬上市的双色鞋。这种脱胎于男式拼色休闲鞋的思路，其实早在50年前就诞生了。这种鞋头拼接的灵感是因黑色可以在当年流行的各种草场运动中避免脏污，而两种颜色的搭配，则能普遍满足当时鞋子与礼服必须完全一致的苛刻标准。这种备受欢迎的设计，谢绝了一切旨在卖弄的哗众取宠，被传承下来成为经典。时至今日，诞生了50年的双色鞋已经成为Chanel的固定款式，被不断翻新设计，如双色过膝长靴、双色芭蕾舞鞋、双色厚底凉鞋，透明PVC的、蕾丝的、缀亮片的、嵌宝石的……多姿多彩，但万变不离其宗地保持着双色概念，在创新和经典间碰撞出简单与优雅的默契。

（2）局部造型设计

要设计鞋子，首先要了解鞋子的结构。鞋的构造主要分为鞋帮与鞋底两部分。

①鞋帮的设计。鞋用于遮住脚背和后跟的部分称鞋帮，鞋帮是鞋的门面，鞋的款式特点就体现在鞋帮上。但是鞋帮的造型款式和结构安排又要受到鞋楦的制约。一般来说，鞋帮的颜色和结构安排应当随着楦型特点去设计，同时，还要考虑制作工艺和鞋里结构。所以，鞋帮设计是一个系统工程，这个系统工程在起定型作用的鞋楦基础上，以鞋底作为衬托得以实施。

从形式上看，鞋帮有半覆式和全覆式之分。半覆式是指鞋帮只覆盖脚尖部分的鞋。半覆式鞋帮是鞋子的基本形式，适合各种年龄层次的人穿用。半覆式鞋帮可以与前空、后空、侧空拼接、编织、镂空、条带等装饰形式结合起来，其造型非常丰富（图6-36）。全覆式是指鞋帮全部覆盖住脚背的鞋，通常在冬季穿用，用保暖性材料制作。全覆式可与拼接式、编织式、镂空式相结合，形成多种装饰效果（图6-37）。图6-38为Calvin Klein女鞋，其帮面通过纵向的分割，并结合颜色的深浅变化，可使鞋产生一种修长的视错现象。

图6-32

图6-33

图6-34

图6-35

图6-36

图6-37

图6-38

②靴筒的设计。鞋子穿在踝骨以上的部分叫靴筒。靴筒按其靴身的长短可分为短靴、中筒靴、过膝长靴。靴筒的造型可从筒口和筒身两方面来进行设计。筒口造型一般分平口和曲线口两类，平口呈水平直线，简洁干练；曲线口的设计在视觉上给人以活泼感、趣味感。筒身的造型一般分合体型与宽松型，合体型筒身外轮廓成曲线状，一般与小腿曲线相符合，适合在正式社交场合穿用；宽松型筒身长而宽松的造型一般为休闲风格的设计（图6-39）。此外，靴筒上的装饰形式也多种多样，可以采用拼接、绳索、流苏、刺绣、彩绘图案等方法（图6-40）。图6-41这款优雅舒适的短靴，以Monogram Mini和亮泽的漆皮拼接制造，鞋身上以LV标志作图案，并饰以一个瞩目的路易威登搭扣，洋溢着时尚的品牌风格。

图6-39

图6-40

图6-41

③鞋底与鞋跟的设计。在鞋的整体造型中，鞋底造型所起的作用和效果也不能轻视，它与鞋帮造型同等重要。鞋底造型应当随着楦型和帮面款式的变化而变化，从鞋底和底边墙的厚度、底花纹等方面进行精心设计，甚至在个别细节上精雕细刻，才会增加鞋子的整体美感。鞋底造型烘托帮面造型，可以使鞋的整体效果更加突出。鞋底的设计与鞋头、鞋跟的变化有着密切的联系，鞋底随着鞋头的变化而变化，鞋底与鞋跟通常是作为一个整体来设计的。从鞋底厚度、鞋跟的高度上看，鞋底可以分为平底、坡底、高底；鞋跟可分为平跟、中跟、高跟。

鞋跟的样式是鞋设计的重点，除常见的形式外，不断会有新的创意性鞋跟出现，以展示新一轮的流行时尚。近年来，设计师不断制造出各种奇思妙想的鞋跟，其中不乏实用精致的设

图6-42

图6-43

图6-44

图6-45

计。早在2007年春夏，Marc jacobs把一双后跟生在前掌上的高跟鞋引起舆论界一片哗然（图6–42）。到当年秋季，Balenciaga那富于科技感的、犹如组合金属玩具模型般的鞋跟，以及Chloé那有点像Dr. Martens的又高又厚的楔形底都为时尚界带来了巨大的轰动效应，女人的高度在愈发厚高的鞋底的举衬下节节攀升，高昂挺拔的优美轮廓成就了女人的自信，也摇曳出更加妩媚动人的性感风情（图6–43）。“设计师到底还让不让人好好穿鞋了?”不少评论人和时尚博客发出质疑的声音。然而他们错了，这股风潮不但没有因为审美上的颠覆和穿着的不适而退却，反而愈演愈烈，再创奢侈和戏剧化的新高度。设计师们在鞋子上挖空心思、大翻花样，而消费者们对走秀款的需求也大幅增加。高不可攀、令人步履蹒跚的高跟鞋反而比鞋跟较低、容易穿着的中、低跟鞋款更受欢迎（图6–44、图6–45）。

（3）鞋的设计方法

鞋的设计方法有很多，且每一位设计者都会有自己独特的设计方法。通常情况下有主题设计法、目的设计法和流行设计法三种。这里主要介绍主题设计法。

所谓主题设计法就是根据社会思想潮流，设定一些主题而进行鞋子设计的方法。这种设计方法能较好地提升一个品牌的文化品位及内涵，满足消费者在思想情感方面的需求。设计主题的提出代表着一部分人的意识，那么，这部分人想得到什么，正是设计者需要首先考虑的。同时，还应按照当时的市场需求与流行趋势，预见出市场前景。在设计主题的表现中，相关素材的运用与转换是关键。

鞋的设计取材十分广泛，既可以从高科技方面选材，使鞋的设计充满未来气息；也可以从不同民族地域风情中取材，表现不同的民风民俗；还可以从自然界的方方面面挖掘题材，寻找创作源泉。在进入20世纪的最后10年，随着人们怀旧情绪的不断加强，追溯历史、回归历史的愿望变得格外强烈，于是，一股前所未有的回归风潮席卷整个服装界。设计风格不仅出现了回复20世纪各个年代的流行现象，而且还追溯到从史前风格、古希腊样式、中世纪样式、文艺复兴样式、新古典主义样式中吸取灵感，使设计充满着浓郁的历史感和文化感。与此同时，被现代工业文明破坏了的生态环境日益受到人们的普遍关注，加强环保和回归自然成为人们的迫切希望。于是，一切原始的、自然的、质朴的事物成为人们追求的目标。在鞋子设计中，设计师大量采用具有粗糙的外观肌理效果的天然纤维材料以及各种有手工感觉的制作工艺。在装饰内容上，各种具有原始风格的图腾纹样和民族民间的纹样受到了重视。这些新样式的产生，不仅很好地满足了消费需求，同时也开拓了鞋子设计的思路，丰富了鞋子设计的风格类型，加强了鞋子的流行性和时尚性（图6–46至图6–51）。

图6–46　图6–47　图6–48

图6–49　图6–50　图6–51

2.鞋的色彩设计

鞋的色彩设计，我们应掌握色彩的三属性，了解不同的色彩给人们带来的不同的心理感受，掌握并熟练运用不同色调的搭配方法。鞋子常用的配色形式有以下几种：

（1）以色相变化为主的配色

色相给人以鲜明醒目的印象，以色相变化为主的配色通常是以一两个颜色为主色，其他颜色与之相协调，或同类，或近似，或对比。通常，在正装鞋的色彩设计中，用单一色彩来表现；而在运动鞋、女式休闲鞋和童鞋的色彩设计中，多用两种或两种以上的颜色相搭配（图6-52、图6-53）。

（2）以明度变化为主的配色

以明度变化为主的配色具有清晰感、层次感并富有理性。明度调子包括高明度、中明度和低明度三种。其中高明度配色在童鞋、运动鞋和女式时装鞋上使用广泛，中明度配色在男、女休闲鞋中运用较为广泛，低明度配色多用于男、女式正装鞋。另外，色彩明度差配色也是以色彩明度要素配色的重要组成部分，图6-54为低明度差配色；图6-55为高明度差配色。

（3）以纯度变化为主的配色

以纯度变化为主的配色是指以色彩不同的鲜艳程度来构成的配色关系。其配色方式一般有以下三种：高纯度颜色配色（图6-56）、低纯度颜色配色（图6-57）、低纯度与高纯度对比颜色配色（图6-58）。

（4）以无彩色系为主的配色

在无彩色系的运用中，黑色使用最广泛，成为男、女式正装鞋永不过时的流行色。为了取得更好的效果，设计师在使用黑色、白色时，应注意材料质地的流行时尚，把握好材质肌理和款型的变化（图6-59、图6-60）。无彩色系的黑、白、灰不仅自身具有丰富的内涵与魅力，而且还能与有彩色系中各种颜色进行很好的搭配（图6-61）。

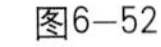

图6-52

图6-53

图6-54

图6-55

图6-56

图6-57

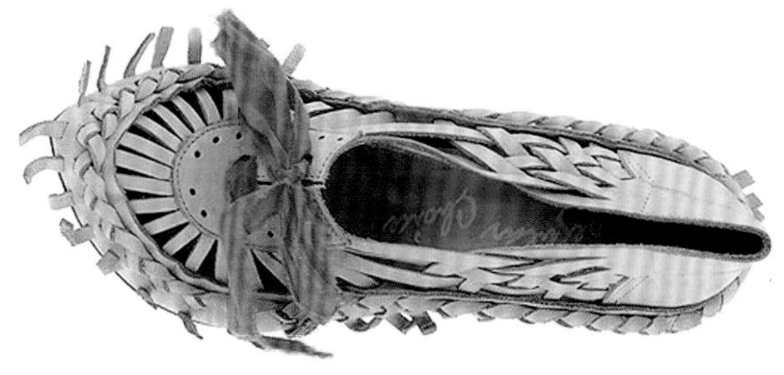

图6-58

图6-59

图6-60

图6-61

（5）以金属色为主的配色

金属色主要指具有金属光泽感的金色和银色。金属色调与其他色调相比具有极强的炫目性和视觉冲击性，属于一种个性极强的色调。金色给人以高贵、华丽、辉煌、奢侈的感觉，银色则具有科技、理性、前卫与冷漠感。金色与银色主要用于前卫鞋和运动鞋（图6-62、图6-63）。

图6-62

图6-63

3.鞋子的装饰设计

鞋子的装饰设计包括平面装饰和立体装饰两个方面。

平面装饰顾名思义是指对鞋靴的表面材料进行的装饰。可以通过缉线（图6-64）、刺绣（图6-65）、分割（图6-66）、手绘（图6-67）、印花（图6-68）、镶边（图6-69）、镂空（图6-70）等形式来表现。

图6-64

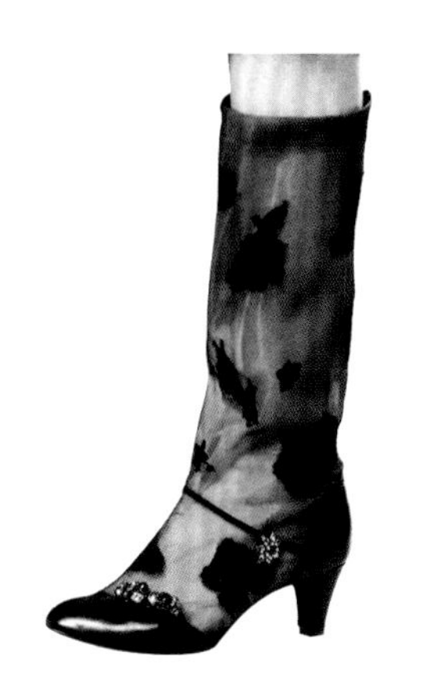

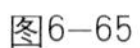

图6-65

图6-66

图6-67

图6-68

图6-69

图6-70

立体装饰是指通过编结（图6-71）、褶皱（图6-72）、花边（图6-73）、点缀装饰物（图6-74）、悬缀装饰物（图6-75）、配装金属配件等形式使鞋靴发生立体上的变化。流苏（图6-76）带来浓郁的异国民族风情融入现代都市给人带来新鲜感，飘逸的流苏设计在走动中摇摆出随性的风格，金色铆钉巧妙点缀，增添当季的摇滚风格。

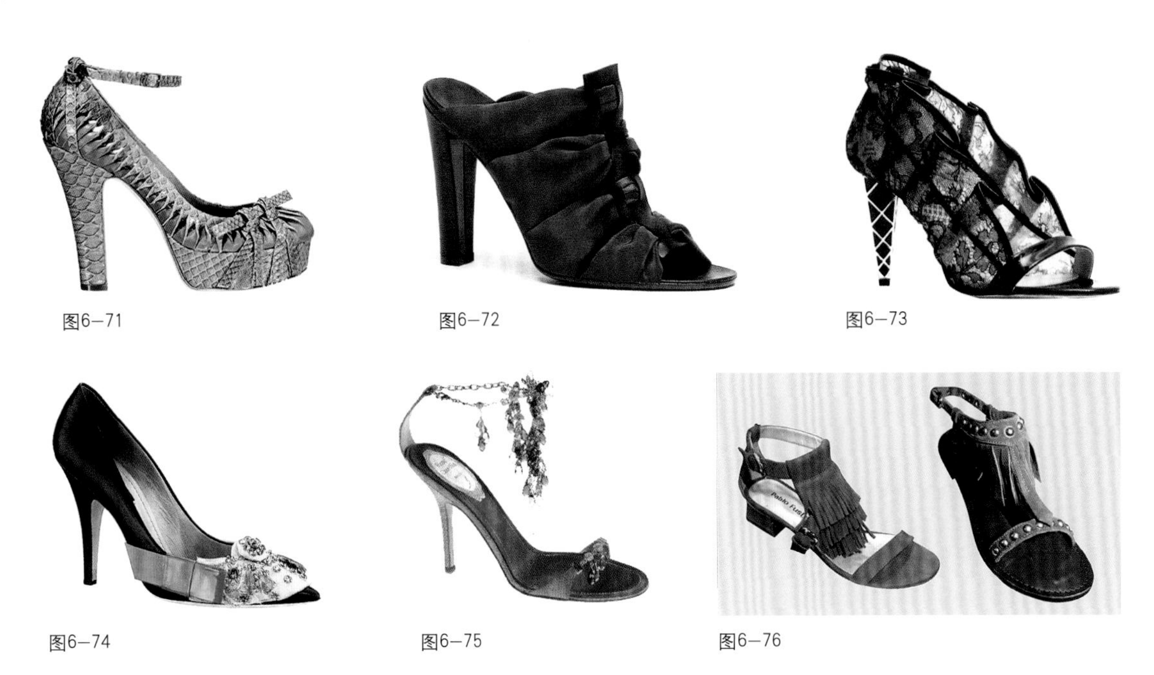

图6-71　图6-72　图6-73

图6-74　图6-75　图6-76

三、鞋的材料应用

鞋的材料包括帮料和底料两大类。

1.帮料

制作鞋帮的材料叫做帮料，其主要包括面料、里料和衬料。

鞋常用的帮料有天然皮革、合成革、纺织材料三大类。由于质地的不同，各种常用帮料都具有各自的特点。其中，天然皮革是最主要的制帮材料，不同的天然皮革因质感不同而风格各异。天然皮革通常以牛皮、羊皮、猪皮为主，其他皮革为辅。

2.底料

用于鞋底部的材料以及固型补强的材料（主跟、内包头等）称为底料。鞋常用的底料种类很多，概括起来可分为天然类和合成类。天然类底料主要包括天然皮革、木材、竹等。合成类底料主要包括橡胶、塑料、橡塑并用材料、再生革、弹性硬纸板等。无论何种底料都是服务于帮料的底料，应与帮料相呼应。

第三节　鞋的制作工艺

一、鞋帮的缝合设备简介

制鞋设备种类很多，这里我们主要了解鞋帮的缝合设备。目前，普遍采用的缝纫设备是各种电动缝纫机，有单针电动缝纫机（图 6-77）、双针电动缝纫机、立柱式电动缝纫机（图 6-78）、曲线缝纫机(俗称万能针车)等。意大利、日本等国的鞋机生产厂家还将微电子技术应用于缝纫机上，不断推出具有可编程、对缝纫线迹进行预定、自动断线或打回针、故障自检、自动冲切料边等功能的缝纫机。

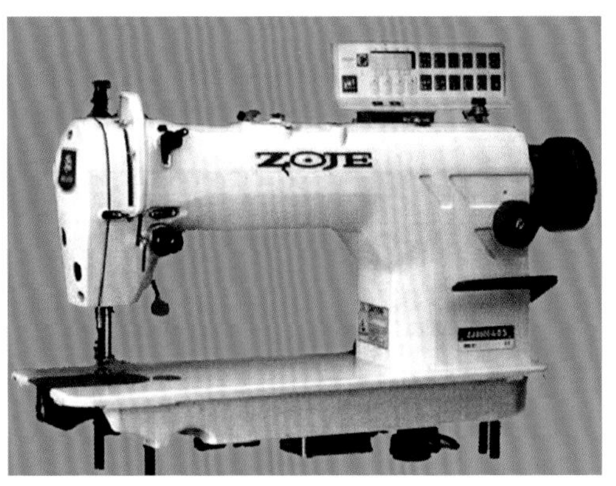

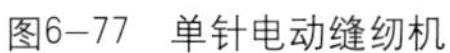
图6-77 单针电动缝纫机

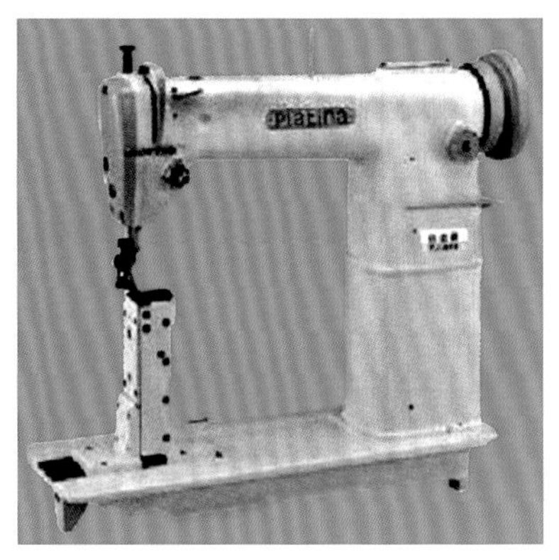

图6-78 立柱式电动缝纫机

二、脚与鞋楦

脚是人体的重要组成部分，对人体起支撑的作用。鞋的设计与制作应符合脚的结构，使穿着后既舒适又美观。学习鞋的设计首先应了解脚的结构，其次是了解鞋楦。

1.脚形测量

脚的结构主要包括脚趾、脚背、脚心、脚腕、脚踝（内踝外踝）、脚跟等几部分。脚长、周宽长、平宽长的尺寸是脚形测量的三个必不可少的基本尺寸（图6-79）。

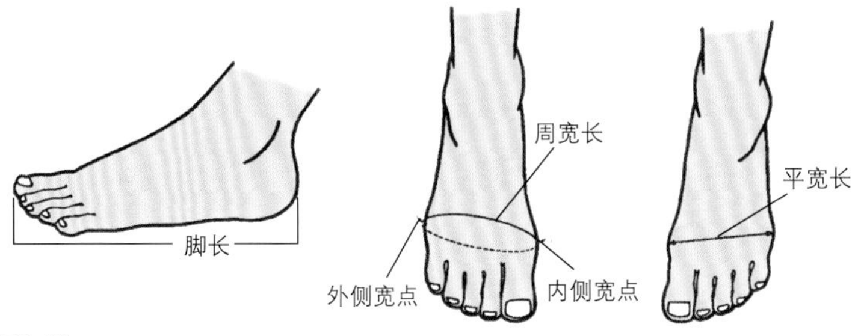

图6-79

2.鞋楦

鞋楦又称楦模。它是鞋子制作的操作台，在楦体上能把平面的帮料组成具有一定容量的空间腔体，使其离开腔体后长久地保持不变。通常在鞋楦的底部固定中底，在楦体上作底部和帮部的结合，然后上表底和鞋跟。另外，鞋楦也是结构制作中维持形状并使胶或水分干燥的加工烫台。其种类很多，如圆头楦、尖头楦、满帮楦、长筒楦、两节楦、铰链弹簧楦等（图6-80）。

图6-80

三、居家鞋制作实例

1.布鞋（图6-81）

材料：点纹布（110 cm×60 cm）、内底布（30 cm×30 cm）、人造棉芯（30 cm×90 cm）、扣子2枚。

制作方法：

①按图裁剪鞋的各部件（图6-82、图6-83）。

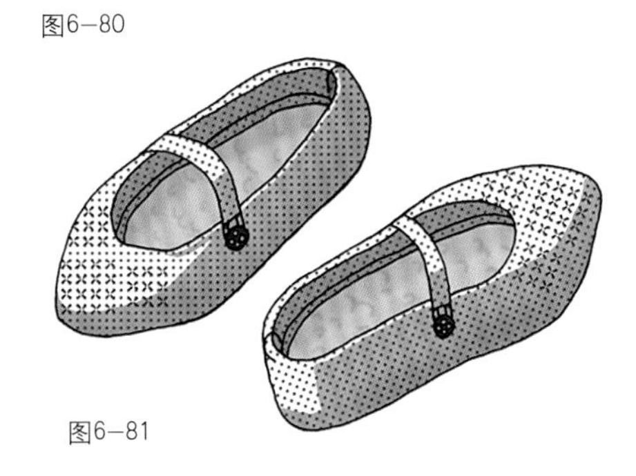
图6-81

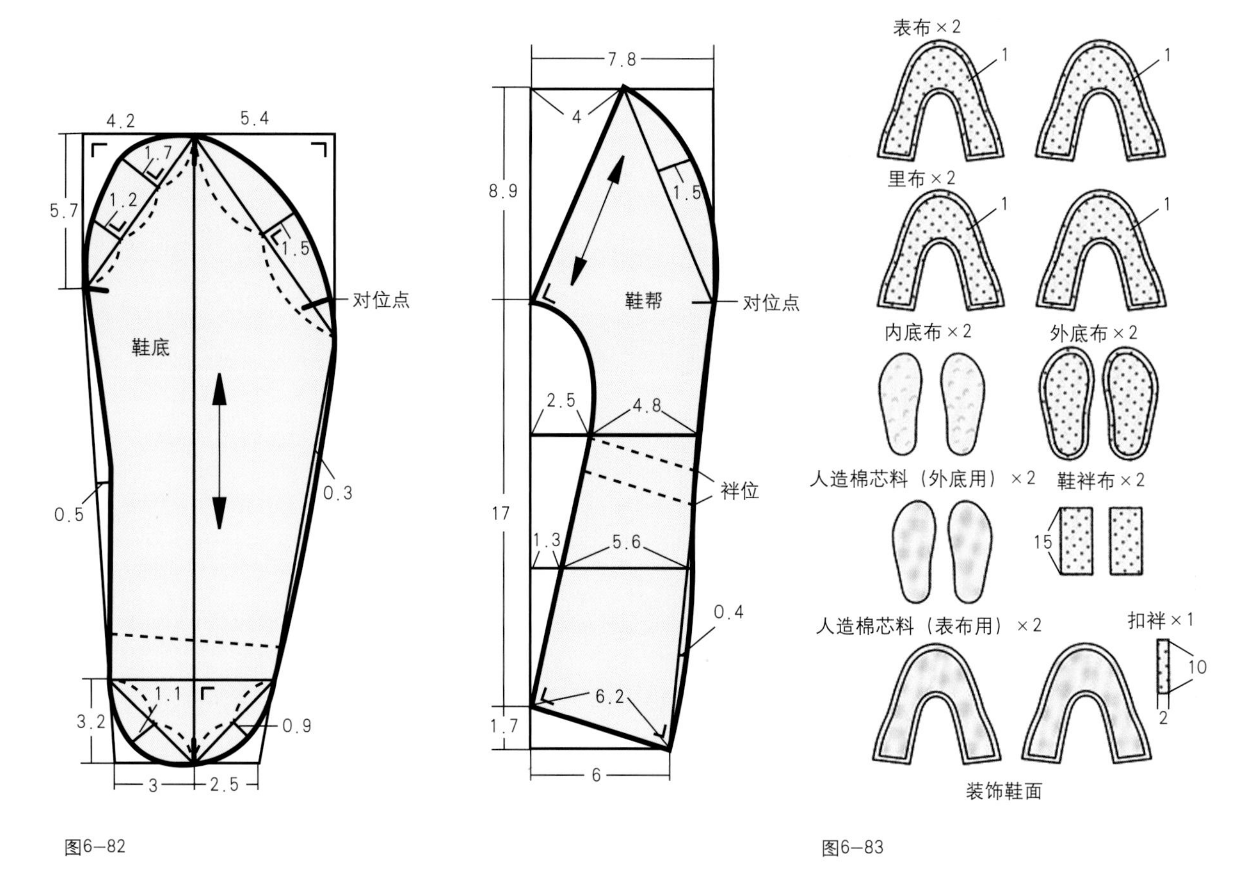

图6–82

图6–83

②装饰鞋面。以鞋面圆点纹样为坐标，用深蓝色、白色毛线缝十字交叉图案，纹样以鞋面中心线为准左右对称（图6–84、图6–85）。

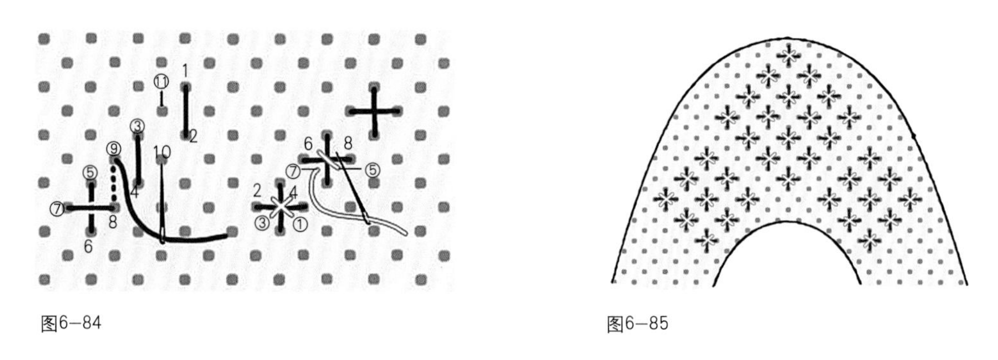

图6–84

图6–85

③制作鞋帮。把鞋帮的里布、表布、芯料重叠，内口缉线，并将表布正面翻出熨烫（图6–86、图6–87）。

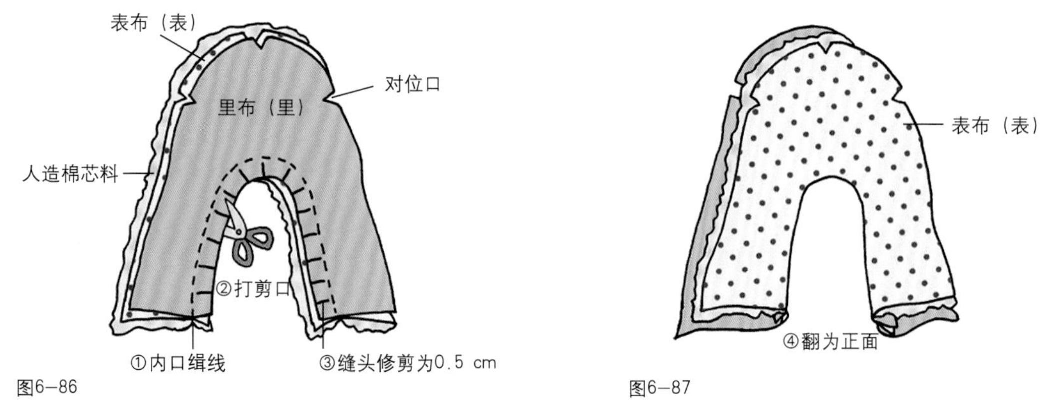

图6–86

图6–87

④制作鞋袢。将做好的鞋袢缝合于鞋帮内侧（图6-88至图6-90）。

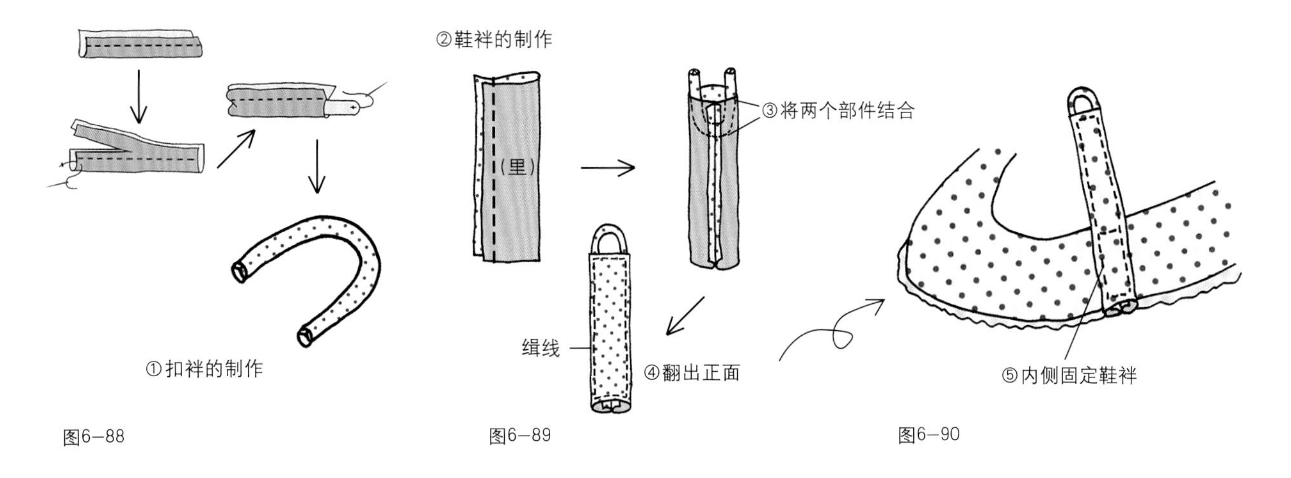

图6-88　图6-89　图6-90

⑤缝合鞋后跟，将缝头分开熨烫。然后疏缝鞋帮底边一周（图6-91）。

⑥鞋帮与外底的缝合。将鞋帮与外底边对合并串缝一周，然后把缝头向鞋底内翻折，串缝固定（图6-92、图6-93）。

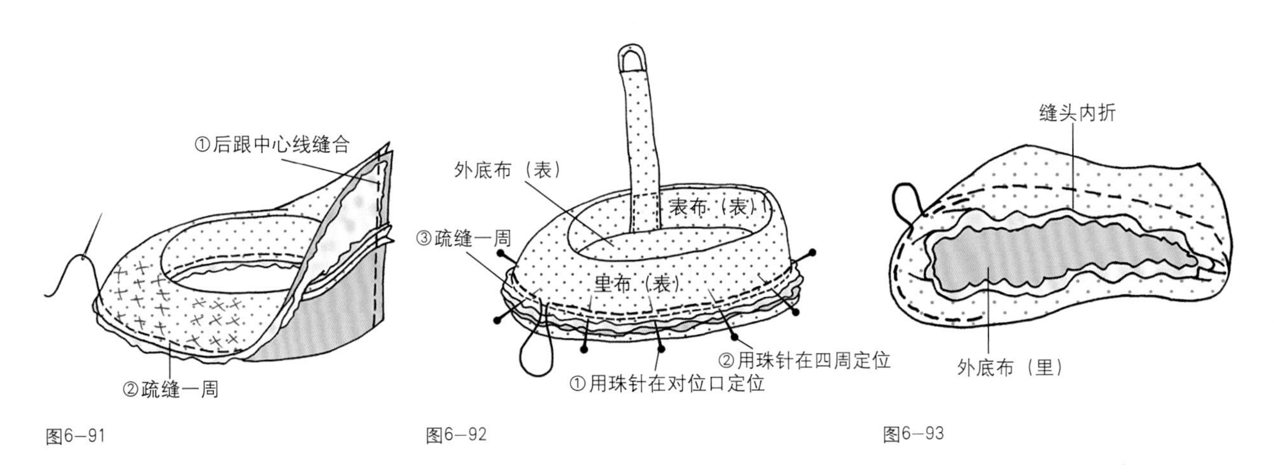

图6-91　图6-92　图6-93

⑦鞋内底的缝制。将内底与人造棉芯料重叠后用斜条布滚边（图6-94）。

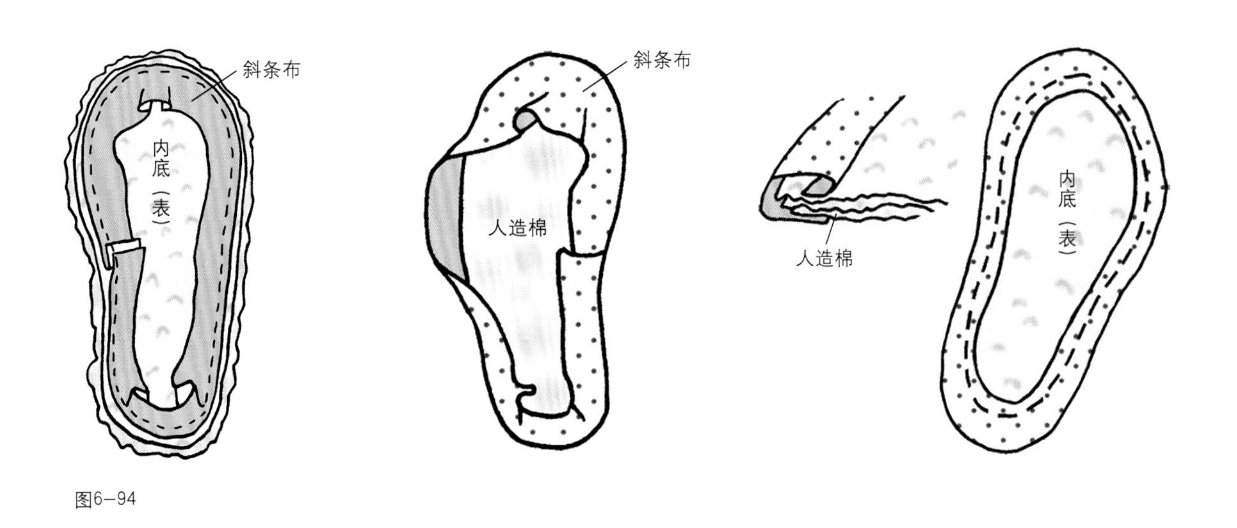

图6-94

⑧最后，把鞋内底与外底对位并缝合，将鞋的正面翻出，钉扣子，即完成了布鞋制作（图6-95、图6-96）。

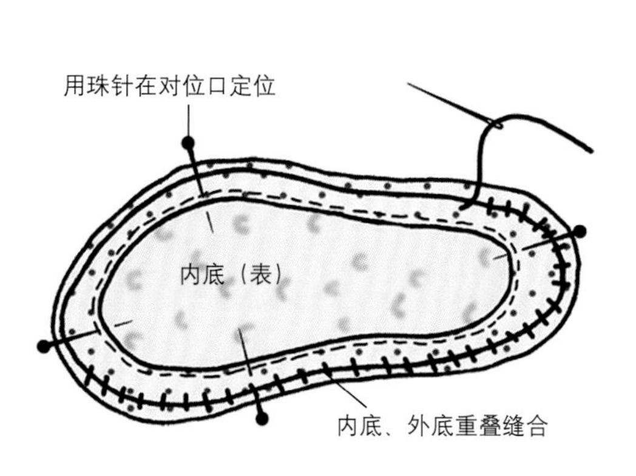

图6-95

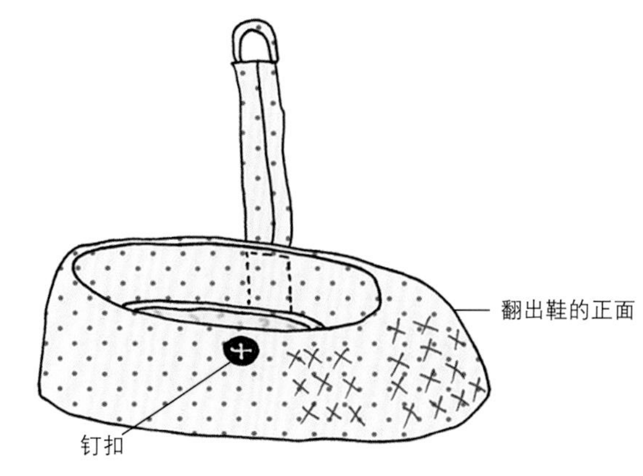

图6-96

2.编织拖鞋（图6-97）

材料：毛线或布绳数米。

制作方法：

①参考脚的长度，将布绳挂在挂钩上编织拖鞋的基本骨架。在后跟中间用另一绳系结，从下往上开始编织（图6-98、图6-99）。

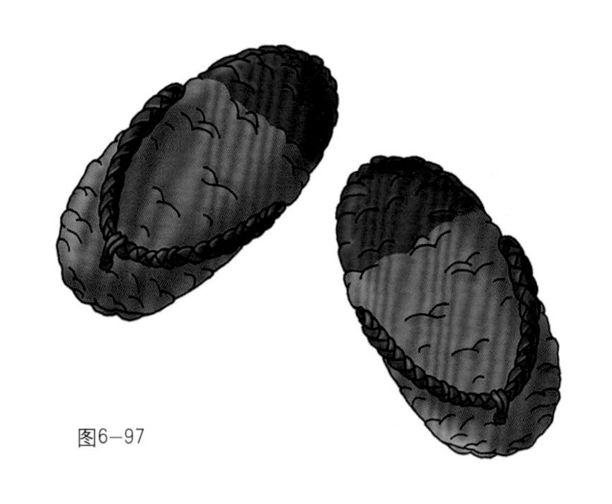
图6-97

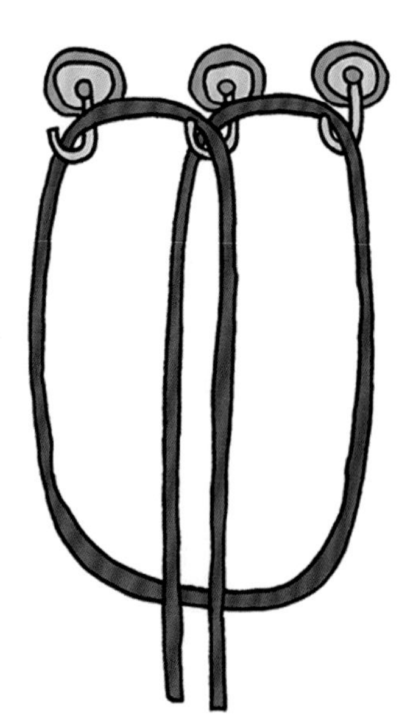
图6-98

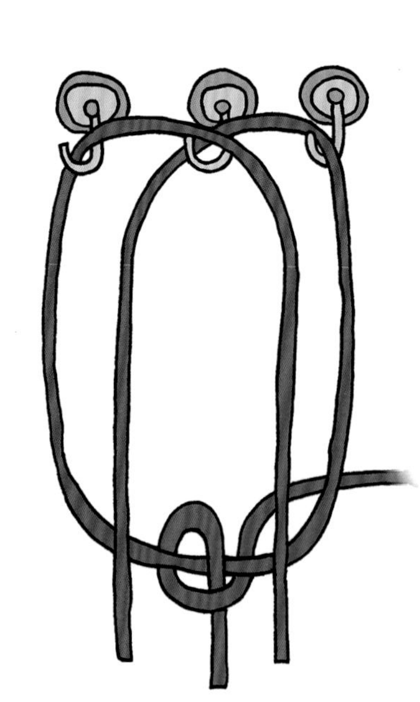
图6-99

②鞋底的编织。进行编织，并不断用手将线绳压紧。编织完后，剪去多余尾线（图6-100、图6-101）。为增加装饰效果，用于编织的线绳可以自由设计色彩的搭配关系。

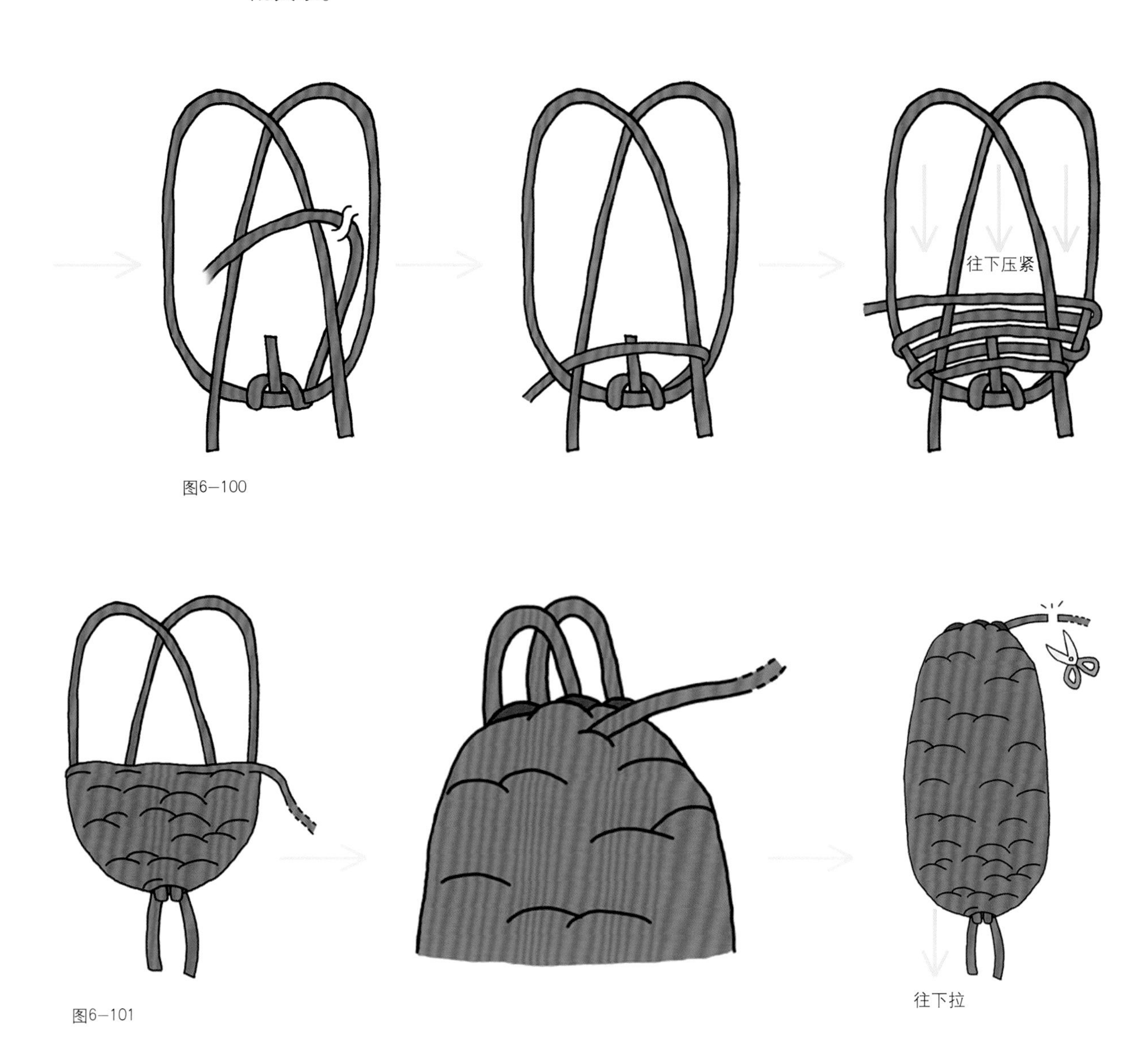

图6-100

图6-101

③人字鞋帮的制作。取3股线绳编织在一起，并将两端用细绳系紧（图6-102）。

图6-102

④人字鞋帮的安装。先将人字鞋帮的中间固定在鞋底前端。然后，再将人字鞋帮两端固定在鞋底后端（图6–103至图6–109）。编织拖鞋制作完成。

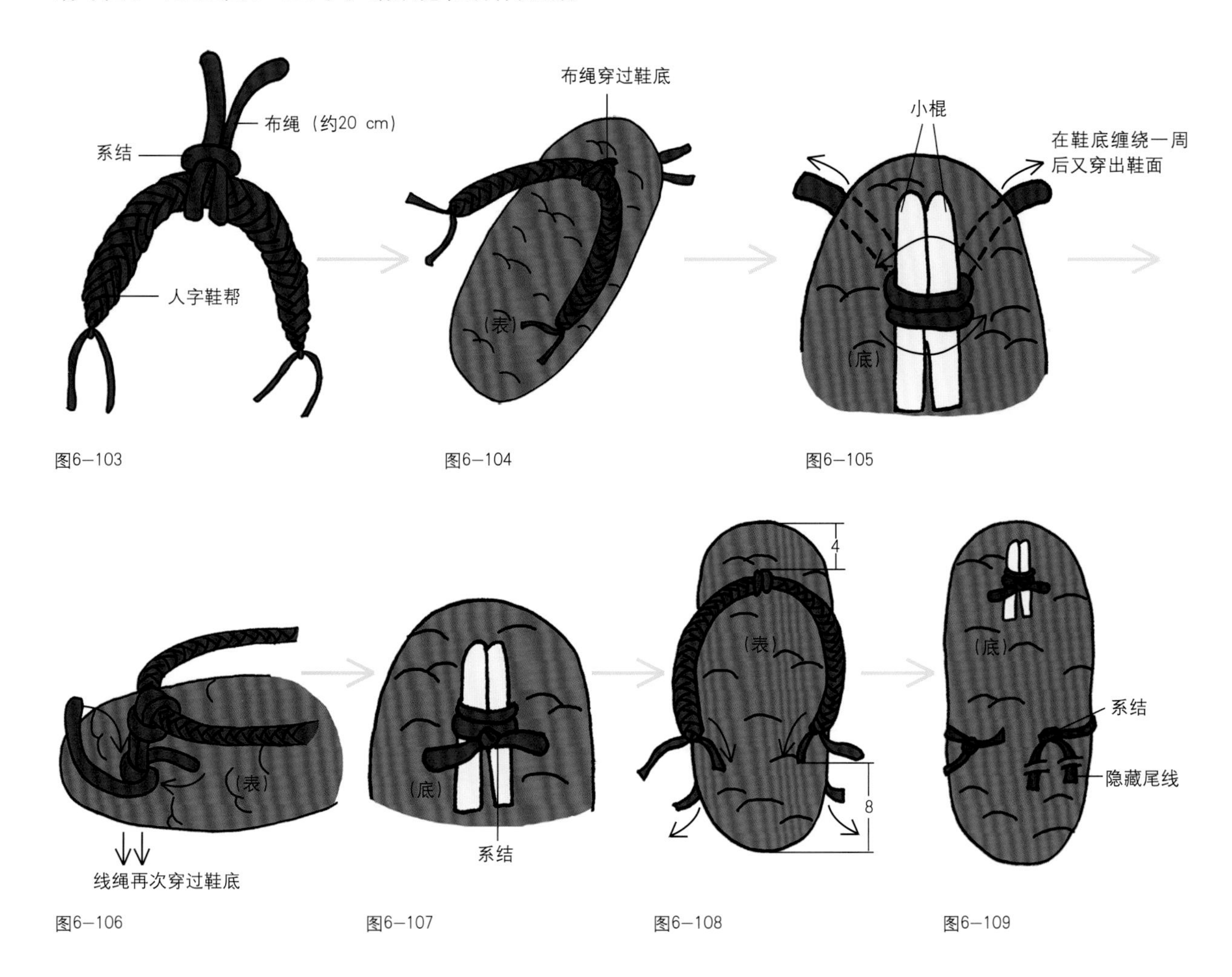

图6–103 图6–104 图6–105

图6–106 图6–107 图6–108 图6–109

小 结

一款洋溢着时尚气息的鞋，应当是由鞋的灵魂——鞋楦定型支撑，还有充满时尚特色的鞋帮造型以及与鞋帮风格自然融合的鞋底造型组成的。因此，在对鞋的某一部位进行设计时，设计者心中要有对其整体风格的准确把握，不可顾此失彼、画蛇添足。设计者如果没有把握好鞋局部与整体风格的呼应关系，盲目在部件上添枝加叶追求效果，反而会弄巧成拙。

第七章 花饰品设计

花饰品在人们生活中占据很重要的地位。无论是天然花饰品还是人造花饰品，不仅用于室内装饰供人欣赏，也广泛用于装饰人体，与服装及服饰配件相搭配。人们常以纺织品材料模仿花瓣造型及其组合形式，做成千姿百态的人造花饰，它是女装和童装，尤其是婚纱、礼服中重要的装饰品之一。

第一节　花饰品的分类

一、花饰品的种类

现代花饰品的种类繁多（表7–1）。

表7-1

使用场合	婚礼庆典用花，社交礼仪用花等
使用材料	天然花饰品：鲜花、干燥花 人造花饰品：布花、纸花、金属花、黏土花、水晶花等
装饰部位	头花、帽花、胸花、肩花、手花等
造型特征	点状花型、线状花型、面状花型以及单枝花、圆球花、散点花等

二、常用花饰品简介

1.天然花饰品

天然花饰品主要有鲜花饰品与干燥花饰品两个种类。鲜花饰品主要用于婚庆典礼中新娘服装的配饰，以及一些社交礼仪场合的宾客用胸花。干燥花饰品所呈现的自然色泽和通过染色所呈现出的新色调，与鲜花相比在造型和色彩上更为别具一格（图7–1）。

图7–1

2.人造花饰品

人造花饰品主要有布花、丝网花、纸花、金属花、粘土花、水晶花等，此外，石材花、皮革花等也常被用作时尚饰品在现代服装配饰中使用。

其中，布花是最常见的花饰品之一。常用材料有棉布、麻布、绸布、呢绒毛料及化纤织物等。通常采用特定的专用制花工具及方法制造出酷似天然鲜花的花饰品。也可用普通的针线，将取材于服装的零料碎片以及花边缎带，缝制成人们喜爱的花卉，如玫瑰、茶花、梅花等花型。布艺花的面料既可以选择与真实花朵质感接近的，也可以选择不一样的。不同面料制作出来的布艺花风格也将截然不同（图7–2、图7–3）。另外，钩针钩制而成的绒线花也能做成千姿百态的花饰品为服装作配饰（图7–4）。丝网花是用尼龙丝袜材料做成，它具有半透明的特性和艳丽的色彩，还可根据不同的需要任意变形，造型丰富，能塑造多种效果。其制作技法比较简单容易掌握，这是其他仿真花难以做到的（图7–5）。

图7-2

图7-3

图7-4

图7-5

第二节　花饰品的设计

花饰在服饰中应用非常广泛。在古今中外服饰艺术史中，花饰品充分展示出艺术、文化、风格和技术的精华与内涵，它与民族习俗、时代特征以及社会经济等因素相互影响和渗透，形成了特定的艺术种类。

一、花饰品的造型及装饰设计

1.花饰品的造型设计

花卉品的造型分点状花型、线状花型以及面状花型。点状花型有花茎修长挺拔、花朵呈圆球状的百合花、郁金香等大点花卉，也有花朵细小、分枝较多的满天星、小丁香、雏菊等小点花卉。一般大点花卉可独立进行装饰，小点花卉利用一定的数量来营造装饰的气氛。线状花型有花茎较长并布满花蕾的剑兰、菖兰等，修长的花束，飘逸的外形，有利于外形轮廓的造型。面状花型的花茎较长，花朵呈扁平状，如非洲菊、蝴蝶兰等。总之，无论什么造型的花饰都是集众多花卉的造型、色彩、结构精华，经过变化和浓缩，以其新颖的外观吸引众人，给人以视觉上的美感（图7-6至图7-8）。

图7-6

图7-7

图7-8

2.花饰品的装饰形式

花饰品的装饰形式也呈现出多样性。花饰品以各种不同的装饰手法，不同的装饰部位，建造立体的装饰效果。花饰排列的聚散所形成的节奏感、韵律感能够引起我们视觉上的审美共鸣。花卉装饰的多与少也恰到好处地衬托出服饰的美感。服装与花饰、配件与花饰的合理组合，使服饰从整体上产生独特的个性和视觉美感。在服饰的整体装扮中，运用花饰品装饰的形式主要有两个方面。

一是对服装的修饰与点缀，如服装的整体装饰、服装的局部装饰等。它可以是单一的形态出现，也可通过多层次或复杂的空间结构，使服装呈现出立体、富于变化的外观效果（图7-9、图7-10）。利用合适的装饰手法与材料，使原本看起来很单调的服装产生层次、色彩与格局的变化。图7-11如果没有这些可爱的小花装饰，这可能是件非常普通的黑色裙子。由此可见，一点小心思带来的巨大改变，能给我们带来意外的惊喜。

二是独立的花饰品装饰，主要指在社交礼仪或婚庆场合中使用的花卉首饰、花冠、头花、胸花、手捧花束、花环装饰等。花冠、花环的制作还可用丝绢仿真形式或意象的花朵、蝴蝶结组成。在花环中还可点缀上漂亮的丝带小球等饰物，更增添活跃的动感（图7–12）。除了头颈的装饰之外，在一些特定的场合还利用手捧花束的形式烘托服饰整体风格和环境气氛。手捧花束的设计讲究突出花卉的特征、色彩的组合以及数量的多少（图7–13）。把花朵装饰在腰间，将人们的注意力集中到你的黄金分割线上，其实这可能是强调纤细腰部的最佳办法之一（图7–14）。

图7–9

图7–10

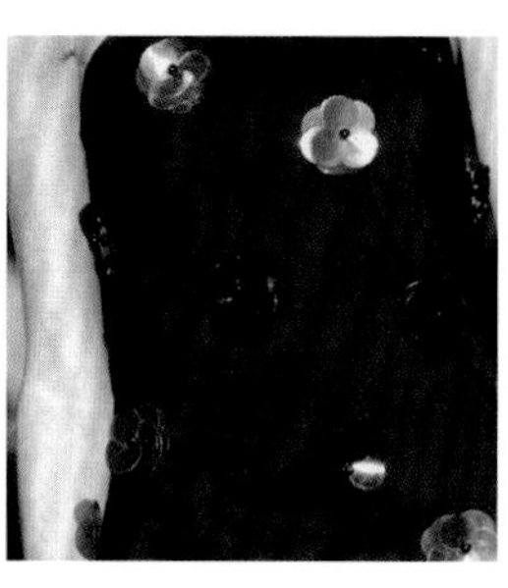
图7–11

图7–12

图7–13

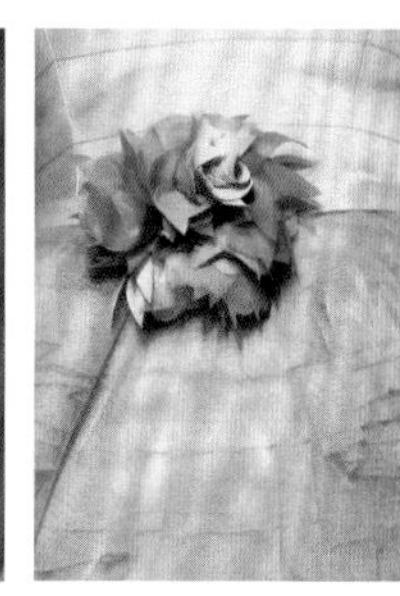
图7–14

二、花饰品的材料应用

用于制作人造花的材料有纺织面料、蕾丝、缎带、绳线、皮革、纸、亮片、珠子、陶泥等。做花饰最常用的是纺织面料，包括棉布、丝绸、丝绒、毛呢、化纤类面料等。而线绳材料主要用于勾针编织花饰或做花芯用。皮革类材料常选择厚型柔软的皮革做人造花。缎带作为装饰材料深受大家的喜爱，缎带花的制作巧妙利用了丰富多彩的花色图案和质地，表现其独有的魅力（图7–15至图7–18）。除以上各种主要材料外，制作花饰还需要一些辅料，常用的辅料有胶水、浆糊、胶带纸、刷子、染料、铁丝等。

图7–15

图7–16

图7–17

图7–18

第三节　花饰品的制作工艺

一、花饰品的制作工具

制作花饰品的工具以缝纫工具为主，有布剪、铁剪、缝纫机、熨斗、手针、锥子、镊子、线等，另外就是专门做仿真花的熨斗，它的尖头部分可以换作不同的形状，这种熨斗可用于花瓣、叶子的凹凸定型、压叶脉等。

二、布花饰品的制作工艺

布花饰品制作的基本技法可以概括为“抽、绕、折、粘”这四大类。抽是指抽褶，是利用针线在布料、缎带上进行疏缝，再将线抽紧使之形成各种不同的形态（图7–19）。绕是指缠绕，运用各种方法将布料、缎带在指间缠绕出各种形态，然后以针线对其进行固定（图7-20）。折是折叠的意思，就是利用折叠将材料做成各种希望的花朵造型（图7-21）。粘是粘贴的意思，是指将材料做成各种形状后，再将其按照需要粘贴并进行整理使之成型。

图7-19　　图7-20　　图7-21

三、布花饰品制作实例

1.黄菊花（图7-22）

材料：黄色呢料（6 cm×19 cm）、蓝色呢料（20 cm×6.5 cm）、花芯10根、别针底座一个、粘合剂少量。

制作方法：

①按图裁剪花瓣、花芯以及叶片（图7-23）。

图7-22

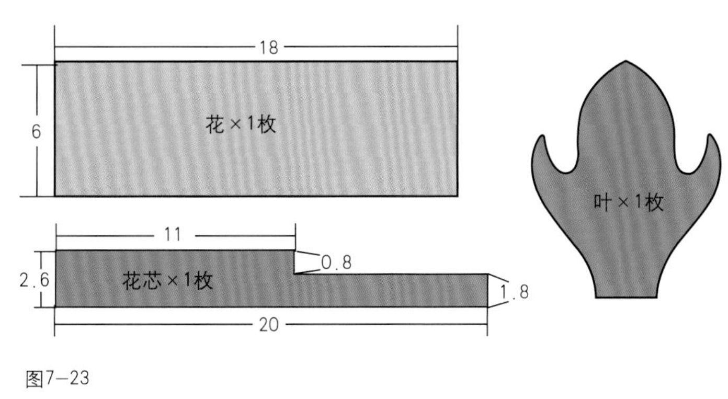

图7-23

②花芯的制作。先把蓝色花芯料的左端部分以0.6 cm的间距剪开，然后将花芯对折后安放在右端布头。将布头卷曲成黄菊花的花芯（图7-24、图7-25）。

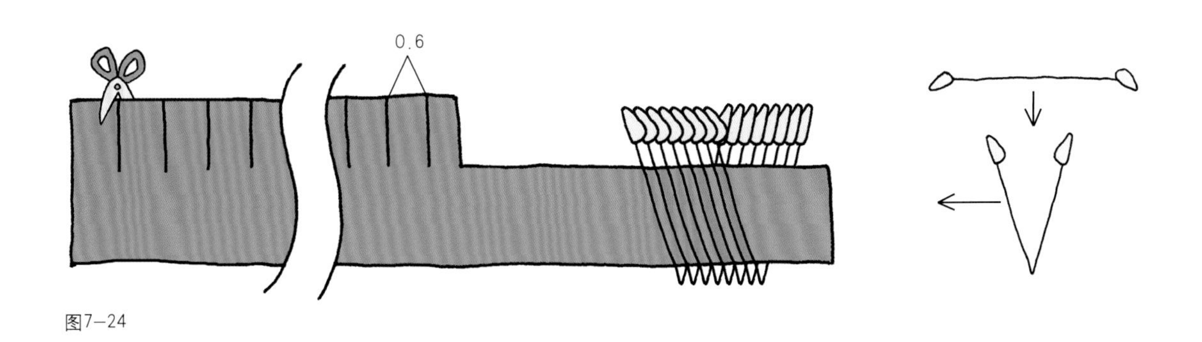

图7-24

图7-25

③花瓣的制作。把黄色花瓣料对折，将底边缝合，然后以0.7 cm的间距剪开，将其缠绕于蓝色花芯外，制作成花瓣（图7-26、图7-27）。

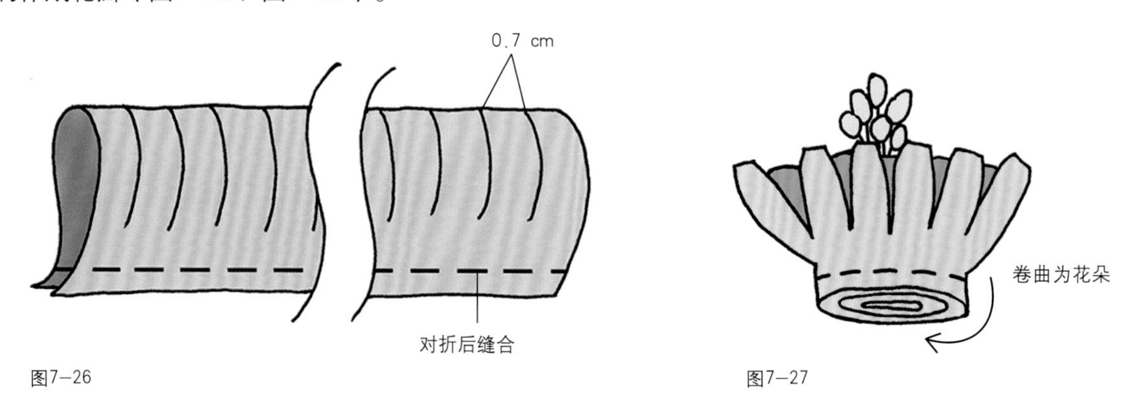

图7-26

图7-27

④把蓝色叶片缝合在花朵上。最后，将别针底座黏合在花朵背面（图7-28、图7-29）。

图7-28

图7-29

2.紫色小花束（图7-30）

材料：绿色布料（10 cm×10 cm）、紫色布料（8 cm×18 cm）、羽毛（长7 cm）两根、别针一枚。

制作方法：

①按图裁剪绿色与紫色花瓣（图7-31）。

②绿色花瓣A的造型：将绿色料对折，并用细首饰线系紧。用同样方法系紧另一端，形成花瓣（图7-32至图7-35）。

图7-30

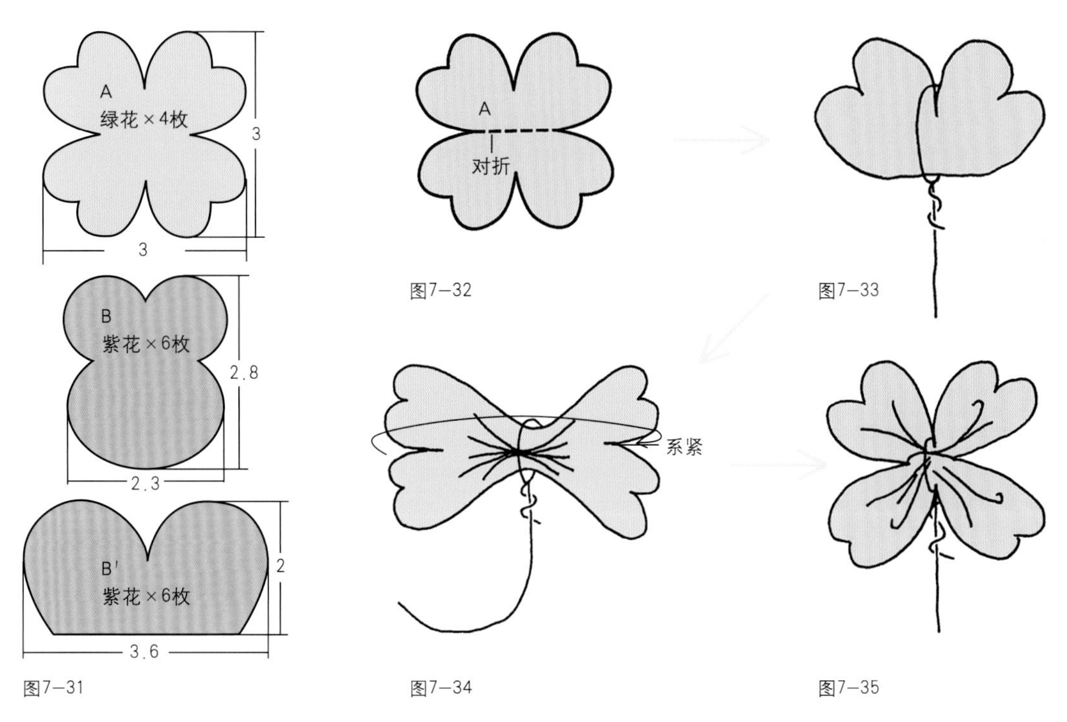

图7-31　图7-32　图7-33　图7-34　图7-35

③紫色花瓣的造型：此花瓣由B料、B'料构成。如图所示将B料、B'料的中间部分重复折叠几次，并用细首饰线系紧（图7-36至图7-39）。

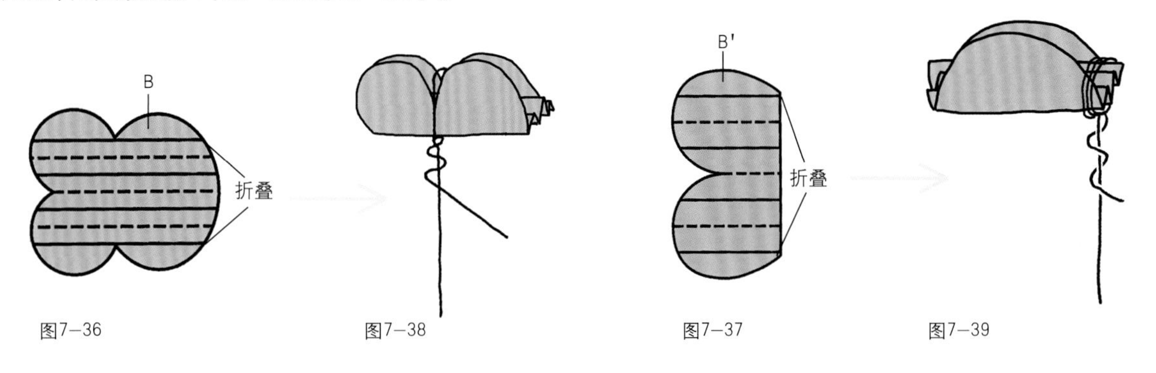

图7-36　图7-38　图7-37　图7-39

④将B、B'组合成紫色花朵（图7-40）。

⑤用以上方法制作4枚绿花、6枚紫花，并将其组合在一起，配置羽毛及别针（图7-41）。

图7-40　图7-41

小　结

花饰品对服装、服饰品的装饰效果有目共睹，它作为一种立体装饰品应用前景广阔。首先，花饰品种类繁多，材质、色彩丰富，装饰技法多样，不仅能满足不同风格服装对装饰效果的需求，也能满足现代人求新求变的思想。另外，在这个追求手工制作、提倡高品质生活的时代，利用手工制作的立体花饰装饰服饰，具有机器制作无法比拟的效果。在学习中，应注重将传统装饰工艺与流行元素进行融合，从整体上考虑立体花饰对服饰的装饰效果。

参考文献

[1] 林美芳. 首饰基本技法[M]. 郑州：河南科学技术出版社，2007.
[2] 王立新. 箱包艺术设计[M]. 北京：化学工业出版社，2006.
[3] 吴静芳. 服装配饰学[M]. 上海：东华大学出版社，2005.
[4] 文化服装学院. 文化服装讲座[M]. 北京：中国轻工业出版社，2006.
[5] かやしまれいこ，近藤 玲，等. ちいさな花コサージュ[M]. 株式会社河出書房新社，2007.
[6] 下田直子. フェルトde小物[M]. 株式会社主婦の友社，2008（平成20）.